U0189641

渤海

故事

Stories of Bohai Sea

渤海故事

李夕聪　纪玉洪◎主编
文稿编撰/柳晓曼　王晓霞　吴欣欣

中国海洋大学出版社
CHINA OCEAN UNIVERSITY PRESS
·青岛·

魅力中国海系列丛书

总主编　盖广生

魅力中国海
我们的
Charming China Seas
Our Ocean Dream
海洋梦

魅力中国海 我们的海洋梦

中国是一个海陆兼备的国家。

从天空俯瞰辽阔的陆疆和壮美的海域，展现在我们面前的中华国土犹如一个硕大无比的阶梯：这个巨大的“天阶”背靠亚洲大陆，面向太平洋；它从大海中浮出，由东向西，步步升高，直达云霄；高耸的蒙古高原和青藏高原如同张开的两只巨大臂膀，拥抱着华夏的北国、中原和江南；整个陆地国土面积约为960万平方千米。在大陆“天阶”的东部边缘，是我国主张管辖的300多万平方千米的辽阔海域；自北向南依次镶嵌着渤海、黄海、东海和南海四颗明珠；18000多千米的海岸线弯曲绵延，更有众多岛屿星罗棋布，点缀着这片蔚蓝的海域，这便是涌动着无限魅力、令人魂牵梦萦的中国海！

中国的海洋环境优美宜人。绵延的海岸线宛如一条蓝色丝带，由北向南依次跨越了温带、亚热带和热带。当北方的渤海还是银装素裹，万里雪飘，热带的南海却依然椰风海韵，春色无边。

中国的海洋资源丰富多样。各种海鲜丰富了人们的餐桌，石油、天然气等矿产为我们的生活提供了能源，更有那海洋空间等着我们走近与开发。

中国的海洋文明源远流长。从浪花里洋溢出的第一首吟唱海洋的诗歌，到先人面对海洋时的第一声追问；从扬帆远航上下求索的第一艘船只，到郑和下西洋海上丝绸之路的繁荣与辉煌，再到现代海洋科技诸多的伟大发明，自古至今，中华民族与海相伴，与海相依，创造了灿烂的海洋文化和文明，为中国海增添了无穷的魅力。无论过去、现在和未来，这片海域始终是中华民族赖以生存和可持续发展的蓝色家园。

认识这片海，利用这片海，呵护这片海，这就是“魅力中国海系列丛书”的编写目的。

“魅力中国海系列丛书”分为“魅力渤海”、“魅力黄海”、“魅力东海”和“魅力南海”四大系列。每个系列包括“印象”、“宝藏”、“故事”三册，丛书共12册。其中，“印象”直观地描写中国四海，从地理风光到海洋景象再到人文景观，图文并茂的内容让你感受充满张力的中国海的美丽印象；“宝藏”挖掘出中国海的丰富资源，让你真正了解蓝色国土的价值所在；“故事”则深入海洋文化领域，以海之名，带你品味海洋历史人文的缤纷篇章。

“魅力中国海系列丛书”是一套书写中国海的“立体”图书，她注入了科学精神，更承载着人文情怀；她描绘了海洋美景的点点滴滴，更梳理着我国海洋事业的发展脉络；她饱含着作者与出版工作者的真诚与执著，更蕴涵着亿万中国人的蓝色梦想。浏览本丛书，读者朋友一定会有些许感动，更会有意想不到的收获！

愿“魅力中国海系列丛书”能在读者朋友心中激起阵阵涟漪，能使我们对祖国的蓝色国土有更深刻的认识、更炽热的爱！请相信，在你我的努力下，我们的蓝色梦想，民族振兴的中国梦，一定会早日成真！

限于篇幅和水平，书中难免存有缺憾，敬请读者朋友批评指正。

盖广生

2014年元月

Preface 前言

每一片蔚蓝都涌动着自己别样的姿态，每一片海域也绽放着自己独特的风采。翻开还散发着幽幽墨香的《渤海故事》，让思绪在辽东半岛与山东半岛间的渤海之上尽情翱翔，打量着独属于渤海的另外一种风情，另外一个故事……

那些人儿开启了渤海的故事：这湾海水被诸多人物的风骨环绕着，仿佛连海域的上空都闪烁着理想的光芒。秦始皇、曹孟德帝王将相的身姿在碧波里若隐若现；精武英雄霍元甲，更有那高风亮节的教育家、技艺卓越的民间艺术家，留在那历史深处讲述着不一样的故事，传递着一脉相承的精神，他们共同在渤海畔构建了一座不朽的精神殿堂。

那些事儿增添了渤海的风情：海浪阐释着渤海渔民独特的风姿风采；海风带来了渤海畔特有的海味小吃的鲜香味道；更有那因地制宜取材、简洁实用并重的渔民住所；或是那风俗各异的渔家节日，不同的地方上演着相同的盛世欢歌，给故事里增添了别样的精彩。

那些诗情画意放飞着渤海的情思：多姿的海洋孕育多彩的艺术，迷人的蔚蓝激发出无尽的想象。踏浪飞歌，提笔抒怀，挥毫涂墨，种种诗情画意定格在文字中，定格在画卷里，也定格成一朵朵怒放在渤海里的艺术之花。且不说那妙趣横生的渤海传说，也不必说那曾影响几代人的吕剧，单就是一幅水墨丹青的渤海

图，一首流传后世的《海市诗》，足以让我们感受渤海文化的多彩迷人。

那些灿烂辉煌寄托着渤海的期盼：腥咸的海风吹动着手里的书本，也为属于渤海的故事揭开了另外的篇章，千古悠长的舟楫百舸，迎来送往的古老港口，壮怀激烈的百年海梦，再回首时，渤海已留给历史无尽的辉煌故事。

那些抹不去的记忆沉淀着渤海的过往：如今宁静如画的渤海，却也历经过战火硝烟的浩劫，却也见证过海浪泣血的惨烈：大沽口炮台讲述着历史的沧桑，《辛丑条约》发出沉重的叹息，上下求索的艰辛，强国富民的梦想皆在这片海域浮浮沉沉。文字和图片虽并不足以完全再现那段斑驳的历史，却可以带给我们感动与思索，激励我们更加坚定地守护着这片蓝色国土……

随着《渤海故事》这本书的翻开，让我们沿着渤海那蜿蜒曲折的海岸线继续前行，用我们自己的双眼，去领略独属于渤海的那些人，那些事，那些诗情画意，那些灿烂辉煌，更有那抹不去的渤海记忆……

Contents 目录

Stories of Bohai Sea

渤海故事

01 渤海那些人儿/001

02 渤海那些事儿/033

03 渤海那些诗情画意/059

04 渤海那些辉煌灿烂/085

05

渤海那些人儿

01

渤海如同一个纯真的孩童，环绕着她的还有诸多人物的风骨，他们的光芒，将浩渺的渤海拢入臂弯。一眼望去，苦苦寻求长生不老药的秦始皇，观沧海壮志满腹的曹操，启蒙了中国现代海洋思想的严复，踢掉“东亚病夫”牌匾的霍元甲，无处话沧桑的李鸿章，清雅孤绝的郑板桥，“原自一身轻”的萧军，手艺卓绝的泥人张，高风亮节投身教育的张伯苓，他们，无不闪耀着理想的光芒，无不回荡着壮志的波涛，细细品来，波澜壮阔，动人心魄。

蓬莱觅得长生药，眼见诸侯尽入关——秦始皇

提起秦始皇，一股威严之气便扑面袭来。作为我国历史上第一位皇帝，他吞六国，平百越，击匈奴，让中国走向了大一统的时代。不过，在他那看似冰冷的面孔背后，却潜藏着一股不合时宜的固执，那就是寻求长生不老药飞升成仙的愿望与行动。统一六国之后，他把大量的时间与精力花在了寻访神仙与寻求仙药上。那么秦始皇究竟为何这么执著于成仙？他的求仙征程与渤海有着怎样的交集？秦皇岛与秦始皇有着怎样的渊源？海对于秦始皇有着怎样的意义？

神仙方士，海市蜃楼

关于秦始皇对于成仙的痴迷，还得从他小时候说起。作为秦国的国民，他自小就在西北长大，一直生活在羌族人中。而羌族恰好在很早的时候就有了灵魂永生的观念，也就是说，人死之后，或许肉体会腐烂，但灵魂是可以不灭的。这种思想后来传到了齐地，与当地灵肉并生的观念一拍即合，索性直接演变成神仙思想，即肉体与灵魂都永生不灭。自小浸泡在这种神仙文化之中，也难怪秦始皇对成仙与长生不老的信念如此情有独钟了。

可能你会想，那是他小时候比较幼稚、分不清真假，长大之后就应该不再相信这种虚无缥缈的文化了。可惜，尽管是传说，但凭着方士的三寸不烂之舌越发真实起来。这群人大肆鼓吹神仙学说，向世人描述着仙界的美好景象——长生不老，逍遥自在。当然了，他们也不是白费工夫。既然神仙如此遥远，大家还向往成仙干吗？答案揭晓了——“来向我们请教吧。”这些方士吹嘘自己身怀方术，可以与仙人往来，也因此可以求来长生不老的丹药，渐渐地，他们干脆宣称自己掌握了秘方，可以制作丹药了。一番

秦始皇雕像

折腾之后捧出几颗仙丹，告诉人们吃了这个就能成仙。如秦始皇一般的权贵，听说可以永远活着享福，口水都快流出来了，自然对这些方士刮目相看。而这些方士也不失时机地拼命接近权贵，秦始皇这种巅峰人物自然成为他们趋之若鹜的对象。有了这群人整天围在身边转，整日喷洒着“仙气”，秦始皇真是不信都难。

就算是有方士在耳边整天唠叨，秦始皇也不该黑白不分吧？很巧的是，大自然似乎在助神仙文化一臂之力。为何这么说？四个字——海市蜃楼。提起海市蜃楼，你可能会说，不就是光的折射作用吗？可在2000多年前秦始皇在位的时候，人们并不知道这些。他们只看到蓬莱等地汹涌的波涛之上会出现仙山，其上亭台楼阁井然有序，仙人轻盈地穿梭其间。方士们更是添油加醋，撺掇秦始皇前去观看。秦始皇见了这番云雾缭绕的神秘景象，对神仙文化更加深信不疑了，于是执著的秦始皇更加坚定了寻求仙药，达到长生不老的信心。

仙山缥缈，扬帆起航

秦始皇登基之后，自然是要四下转转，了解一下自己的河山和子民。一天，他正巡游着呢，有人拦驾求见，秦始皇威严地问道：“什么事情？”那人回答说：“报告皇上，这里的海上有三座仙山，分别叫做‘蓬莱’、‘方丈’和‘瀛洲’。这三座仙山可了不得，寻常时

海上仙山

候都见不着，偶尔出现的时候，只见亭台楼阁气象巍然，只闻仙乐风飘醉人心魄，最奇的就是还有仙人腾云驾雾行于其中。陛下，您何不去寻点仙药，来个长生不老呢？”

秦始皇一听，龙心大悦，让人在海边的山岩上建了一座行宫。行宫一建好，他便住了进去，时刻准备着观瞻仙山。皇天不负有心人，他终于见到了。那天天气晴朗，秦始皇看到海面上灿然生辉，仔细一瞧，惊叹不已。但见半空之中，楼台树影相互掩映，一直延绵数十里，足足持续了半个时辰，“仙山”才从人的视野中消失，重新回到“仙界”去了。这下子，秦始皇对神仙方术算是彻底倾心了。这座成为秦始皇人生转折点的行宫遗址仍静静地坐落在北戴河金山嘴，没有飞升“仙界”，仍旧笑傲岁月春秋。

心里一激动，秦始皇便赶忙下令，四处“招兵买马”，遍寻天下方士，希望能从仙人那里求来一点仙药，好让自己也能像他们那般缥缈自如、长生不老。圣旨一出，众多民间方士蠢蠢欲动，一位名叫卢生的方士胆子颇大，干脆跑到了秦始皇驾前“毛遂自荐”，还顺便让自己的两个朋友羡门和高誓搭上了这趟顺风车。就这样，三人沐浴斋戒之后，带着些珠宝法器出发了，声称是要作为见面礼。说起来，这三人办事效率挺高，两天之后就回宫禀报说：“在不远处的海里，有一个方圆数十里的小岛，小岛上山清水秀，鲜花灿烂，松柏苍翠，尤其是岸边的细沙滩，阳光照上去，金光闪闪，脚踩上去，软绵绵的仿佛是九天仙女织成的毯子一

传说中秦始皇观望海上仙山处

般，柔软无比。”秦始皇一听，心里按捺不住，立马赶去观看。脚刚一踏上小岛，秦始皇便感叹道：“游览了这么多大山大水，还没见过这么秀丽的风光呢。”他干脆在小岛上留宿一夜。第二天，他没忘了送些珠宝、瓜果什么的犒劳方士，然后目送以卢生为首的方士们出海访“仙山”去了。只见阳光之下，孤帆远航，道袍翻飞飘舞，好不意气风发。

得仙人符，离秦皇岛

出发时虽然英姿勃发，这些方士心中可都在嘀咕，出发是简单，撑起帆来，借着海风，安心漂流就行了，但这场求仙之旅该如何收场呢？仙山本来就不存在，他们自然也就没法真的去寻访，既然找不到传说中的仙山，又哪里找得到秦始皇想要的仙药呢？就这么漫无目的、孤苦无依地在海面上漂荡了许多天后，他们开始着急了，这么下去可不是个办法。回去？那就是犯了欺君之罪，难免要被千刀万剐。继续漂？秦始皇赏赐的东西都快吃完了，再这么漂着，不渴死也得饿死。

愁眉不展之际，卢生这位老大哥又当仁不让地想出了一个主意——让秦始皇转移注意力。姜还是老的辣，通过换位思考，卢生想到，秦始皇之所以想要长生不老，说到底是因为他如今有权有势，想要一直保持现状罢了，倘若他的权力受到威胁，眼前的荣华富贵都岌岌可危，他哪里还会顾得上寻仙？于是，他找到一块黄缎子，在上面写下“亡秦者胡也”五个字，整块缎子如同一个符咒，让人一看便心里发寒。

就这样，卢生带着朋友们大摇大摆地回来了。见到秦始皇之后，他装作很紧急的样子说道：“皇上，仙山上的仙人命我将此物马上交给陛下，不得耽搁，请皇上龙目御览。”秦始皇不看不要紧，一看见黄缎子上那些凄惨惨的字符，冷汗就流了下来。荣华富贵将要不保，长生不老又有何用？于是，他立刻带领人马日夜兼程回咸阳去了。

就这样，秦始皇为海洋留下了传说，留下了憧憬，而他曾经落脚的那座小岛也深深地烙上了他的印记。就在秦始皇站立的那块山岩之上，一块石碑安然伫立，上面刻着“秦皇求仙入海处”七个大字。这座小岛呢，也被赋予了一个大家耳熟能详的名字——秦皇岛。

秦皇岛港

匈奴压境，心系大海

秦始皇出征雕塑

虽然符咒是假，匈奴入关却是真。这位邻居在战国时期，便进入了奴隶制社会。要说也巧，战国时期，中原各国忙着征战，根本没有顾上这位一直默默无闻的邻居。匈奴一看，机会难得，于是大加抢掠，很快便把接壤的秦、燕、赵三个国家的许多北边领土纳入囊中，一时之间，风光无限。

但中原征战最终结束了，秦始皇统一了六国，建立了中央集权，匈奴这种放肆的做法自然成了他的眼中钉、肉中刺。于是，他派出将军蒙恬，让他率军攻打匈奴。蒙恬“大刀一挥”，收复了被匈奴夺去的河套地区。秦始皇一看，大为高兴，于是迁出许多中原民众移居到河套地区，让他们在那里耕种戍边。不仅如此，为了防止匈奴再犯，他还征用了大量民众，在燕、赵、秦长城的基础之上，修筑起了巍峨的万里长城。

虽然胡人压境，但秦始皇的目光并没有局限在陆地之上。他对海洋的关注，在之前的传说中可见一二。但传说归传说，他之所以重视海洋，并非仅仅出于他对求仙的执著，还出于他的雄心壮志。统一天下之后，秦始皇志得意满，以为自己统一了全世界。但一种新的观点传到了他的耳中：方士徐福的老师——战国时期的阴阳家邹衍说过，世界上远非只有中国这一块大陆，而是共有九个，彼此被海洋隔开。

自己辛辛苦苦征战得来的“天下”原来不过是整个世界的九分之一，热衷开疆拓土的秦始皇听了之后，信不信且不说，心中难免深为抱憾、蠢蠢欲动。于是，他前前后后对海洋进行了多次巡游，还曾命令许多百姓从中原迁到琅琊居住，足见他对海洋的喜爱和重视。秦始皇或许是想出海求一求仙药，或许是想知道海的那边到底还有没有陆地，如果有的话，他或许想去看一看，没准儿还想把它据为己有。但他驾崩了，带着遗憾，带着不甘。直到今天，秦始皇陵墓中的兵马俑们，仍然都是面朝东方，朝向那烟波浩渺的大海。

东临碣石，以观沧海——曹操

东临碣石，以观沧海。　水何澹澹，山岛竦峙。
树木丛生，百草丰茂。　秋风萧瑟，洪波涌起。
日月之行，若出其中；　星汉灿烂，若出其里。
幸甚至哉，歌以咏志。

——《观沧海》（《步出夏门行之一》）曹操

一代枭雄

曹操出身官宦世家，为统一中国北方作了很大贡献，用“治世之能臣，乱世之奸雄”来形容曹操是再贴切不过了。此人生性放荡不羁，年轻时既谈不上有学识，也谈不上有品行，整日游手好闲。如此这样，他那出众的天资偏是引来几人盛赞他能“安天下”。说起来，他们的眼光还挺准的。

曹操20岁了，是开始有一番作为的时候了。接下来，他先是被举为孝廉，不久就晋升为洛阳北部尉。按理说，洛阳是东汉的都城，曹操应当算捡了个大便宜才是，实际上可没

曹操雕像

那么简单。树大招风，他在洛阳期间因为对执法对象一视同仁得罪了不少当朝权贵，不久就被调到偏远的地方去了。是金子总会发光。黄巾起义爆发之后，曹操很快又被封为济南相。他大力整治贪官污吏，一时间，济南一派清明平和景象。可惜这一点点清明，在伸手不见五指的东汉政治之中终究是孱弱无力。不久，曹操自行辞职，隐居起来，整日读书打猎，倒也过得充实。

五年之后，凉州刺史董卓跑到洛阳，把少帝废掉，立了汉献帝，自称为太师。曹操不愿与之同流合污，逃出洛阳，开始广召天下英雄讨伐董卓。大树底下好乘凉。他随后投到枝繁叶茂的袁绍门下，却在讨伐董卓的过程中发现联军各怀鬼胎，心里十分不满。渐渐地，随着自身战斗力的增强，曹操开始准备迎击袁绍了。此举非常勇敢，要知道，当时袁绍可是北方最强大的一股势力，而且袁绍也已对曹操心怀不满，他挑选出十万精兵、万匹战马，准备一举拿下曹操。与袁绍相比，曹操的地盘又小、物资又少、兵力又不足，但是他硬是凭着自己对客观形势的精准判断，对谋士意见的聆听采纳，扬长避短，居然创造出历史上著名的以少胜多、以弱胜强的官渡之战。

官渡之战之后，袁军溃散；随后，袁绍病逝。他的两个儿子袁谭、袁尚偏偏不争气地窝里斗，最后只得灰溜溜地逃往乌桓。事情到了这一步，曹操似乎该收手了。但身为乱世中的奸雄，他笃信的可是斩草要除根。更何况，他心中的目标也不仅仅是占据袁绍曾经的地盘而已。他的野心要大得多，他要的是整个天下，他要的是统一中国。曹操一直想挥戈南下，但是苦于袁氏在侧，万一受到两面夹击就太被动了。为此，便趁着袁氏尚未恢复力量，扫清残余势力。

正是在前往乌桓的路上，曹操来到了碣石山；也正是在这渤海之滨的第四纪火山之上，写出了开头那一篇《观沧海》。

沧海大观

不妨设想一下，有着统一中国宏伟愿望的一代枭雄来到这山丘之上俯瞰沧海，会有怎样的感觉。但见浩渺无垠的水波之上，小岛载着山峦兀自耸立、倔强孤傲。虽然秋风飒飒，那岛上的树木却依然苍翠茂盛，浓密的百草也是欣欣向荣。正自心旷神怡间，渤海海面上顿时波涛汹涌。曹操顿觉心潮澎湃，把目光从小岛收回，投向了更为广阔的海天。但见大海与蓝天相对无言，日升日落，仿佛从大海之中蓬勃而出，又徐徐坠入；繁星点点，映照在海面之上，仿佛是从海底散发出的光芒一般。渐渐地，这片海在曹操的目光中消弭了，与天空融为一体了，变成了一个混沌的整体。此时，曹操的心中，或许想的是即将开始的乌桓之战，或许想的是如何除掉老对手刘备，更或许他压根什么都没想，而只是顺应着心中辽远的思绪，将面前的这片海无限地放大，放大到即便是整个宇宙，依旧吐纳自如。

曹操观沧海木雕

这不正似曹操当时的心绪吗？乌桓之战胜利之后，他就可以后顾无忧了，可以专心致志地一统天下了。到那时，他不正如这片海，将这壮阔的大好河山吞吐自如吗？于是，他写下了这首诗。可是，他不知道的是，他这首诗创造了历史。为何这么说？因为通篇写景的诗歌，在此之前似乎没有出现过。可以说，这首诗是中国山水诗歌的最早佳作，因为在这简洁有力的描写之中，曹操的心境表露无遗。他要成就的是他的霸业；他要迎接的是暴风骤雨一般的考验。他没有退缩，相反，正如日升日落、星河灿烂一般，他坦然受之，甘之如饴。如今，沧海桑田，唯独曹操的《观沧海》铿锵有力，回旋耳边：“东临碣石，以观沧海。水何澹澹，山岛竦峙……”

《曹操观沧海》图

中国现代海洋思想的启蒙者——严复

作为一位著名的翻译家、教育家和启蒙思想家，严复似乎是因为他的“信·达·雅”而为人熟知，似乎是因为1912年第一任北京大学校长的身份而被人铭记，似乎是因为翻译包括《天演论》在内的西方名著而被人怀念。这些都没错，但是不要忘记，严复对于海洋思想的发展同样功不可没。正是因为他，我国的海洋思想开始摒弃过往，走上了现代之路。

弃医从海

1854年，严复出生于福州南台一户中医世家。在那个子承父业的年代，严复长大成为一名中医似乎是理所当然的事情。第一步自然是先去上学堂，原本顺风顺水的严复被一条噩耗惊呆了——父亲去世。那一年，他才12岁。家里的顶梁柱没了，严复一夜之间蜕变为男子汉。他放弃了学业，放弃了科举，但幸运的是，上天虽然关上了这扇窗，却在他人生的前方开启了另一道门。

严复像

第二年，严复凭借聪颖的天资和不懈的努力，考进了福州船政学堂，开始学习驾驶船舰。严复似乎从一个文人变成了一名“技工”。实际上却不是这样，福州船政学堂并非只教授驾驶，

福州船政学堂纪念馆（内景）

“扬威”舰船图

英文和自然科学知识等都有所涉猎。在这里，没有了之乎者也，有的是西方的、现代的、跳动的脉搏；在这里，严复就像一块海绵，如饥似渴地吸收着现代文化和船舰知识。四年之后，作为福州船政学堂的第一批毕业生，严复毕业了。

毕业之后，严复先是在名为“建威”和“扬武”的船舰上实习了5年，而后获得了选用道员资格，算是一只脚踏进了仕途。倘若真是沿着这条路走下去，或许严复也没什么稀奇。但是1877年，严复被公派到英国留学，学习海军知识。两年之后，他从格林尼治皇家海军学院毕业。此时的严复，视野之中不再只有大清，一面镜子也在他的心中竖立起来。在这镜子之中，东方与西方相互比照，封闭与现代相互映衬。

国歌变挽歌

你知道吗？严复可是清朝国歌的词作者。词曰：

“巩金瓯，承天帱，民物欣凫藻，喜同袍，清时幸遭。

真熙皞，帝国苍穹保，天高高，海滔滔。”

没有听过？很正常。这歌词是在1911年10月4日公之于世的，6天之后，戏剧性的一幕就发生了——大清王朝全面崩塌，中华民国宣告成立。严复所作国歌就此摇身一变，成了大清王朝的挽歌。

福州船政局旧址

海权之利

从英国学成归来之后，严复被聘为福州船厂船政学堂的教习，继而被提升为北洋水师学堂的总教习，成为发展中国海军、推进海洋思想发展的重要一分子。他源源不断地向学生讲述西方现代海洋思想以及现代海军的管理方式，并且把先进的教学理念融汇其中。

严复（身穿深色上衣者）

除了教课之外，严复开始涉足出版界，把许多西方古典经济学、政治学理论以及自然科学和哲学理论较为系统地翻译过来，其中包括美国人马汉的著作。而马汉正是西方海权理论的创始人，对中国海洋思想的转变起到了举足轻重的作用。不过，严复并没有拘泥于翻译，而是渐渐地形成了自己的海权思想。在严复看来，海权堪称是“国振驭远之良策，民收航海之利资”，只有拥有了海权，一个国家才能振兴，才能拥有较高的国际地位，国民才能从航海之中赚到钱。海权，实则关乎着一个国家的政治、经济、军事等多重利益。

马汉像

严复不仅意识到了海权的重要性，他还继续深入思考：既然海权如此重要，就应当坚决捍卫，那么，中国的制海权

应当建立在哪里呢？答案慢慢在他脑海中浮现了出来——建立在渤海、黄海、东海以及南中国海域。在这些海域之中，清政府应当恢复海军，让他们巡逻海上，控制海上交通。唯有如此，才能把敌人挡在海洋国土之外，不让其有侵占之机。严复这种捍卫海权、保证国防安全的思想已经具备浓厚的现代气息，直到现在仍然具有很高的参考价值。习近平便曾这般评价其译著："在当时因循守旧、故步自封的清王朝统治下的旧中国思想界，宛如巨石投入深潭死水，产生了极为深远的影响。"这种影响宛如清音天籁，至今仍然余音袅袅，启人心智。

1921年10月27日，这位中国现代海洋思想的启蒙者与世长辞，享年68岁。正是在严复的启蒙之下，海洋受到越来越多的关注，直到慢慢成为国家发展战略的主角之一。

严复雕像

江山依旧，古月照今生——精武英雄霍元甲

说霍元甲是家喻户晓的精武英雄，似乎毫不夸张。荧幕上的他，招招精妙，力大无穷。历史中的他也确实如此，不过更多了几分凡俗情味。他出身普通人家，从弱小的孩童苦练成为一代英雄，风头盛到两次不战而胜，并成立了精武体育会，致力于提高国人身体素质，打破“东亚病夫”的羞辱之称。他，是为捍卫民族尊严而生；他的精神，也将如那渤海之水，激荡流传。

从弱到强的蜕变

1868年1月18日，一名男婴在天津静海小南河村呱呱坠地，没有红光遍地，也没有天坠流星，看起来只是一个普通的人家降生了一个普通的孩童，但人们不知道的是，这个男婴以后将成为一代英雄，将在荧屏上大放异彩。这个男孩就是精武英雄霍元甲。

霍元甲像

说他的家庭普通，似乎也有失公允。诚然，他住的只是普通的土坯房，远不似影视剧中的深宅大院，但他的父亲霍恩第确乎是有名的保镖。按理说应当收入不菲，但他执意只做清白之人，贪官污吏虽想请他做保镖，他都一概拒绝，所以霍家的日子算不得阔绰。

霍恩第共有三个儿子，霍元甲排老二。按照“三岁看老”的说法，霍元甲的状况似乎不那么乐观，因为幼时的他体弱多病，时常成为其他孩童欺侮的对象。霍恩第见状，怕他学武不成器反污了霍家颜面，因而不准许他学武。但青竹易弯却不易折，虽然体弱，霍元甲却颇有志气，每当父亲教授兄弟武功的时候，他便在旁偷偷观察，用心记忆，随后便去较为偏僻的一片枣林，无论晴天雨天、酷暑严寒，凭着惊人的毅力，坚持苦练。世上没有不透风的墙，这件事终究被他父亲发现了。霍恩第非常生气，但霍元甲向他保证，绝不与他人比武，不会丢霍家的脸面。霍恩第思量再三，终于允许他与兄弟一同习武，霍元甲

霍元甲习武图

霍东阁（霍元甲次子，后排居中）担任精武体育会教练

习武的地下生涯宣告结束。多年坚持下来，霍元甲功力渐渐增长，就好似一点一点褪去岩土束缚的钻石，终究有它光彩夺目的时候。

这一天终于来了，霍元甲24岁时，有个武师来到霍家，下书挑战。霍元甲的哥哥和弟弟相继迎敌，但都成了那人的手下败将。霍恩第恼怒，正想亲自出手的时候，霍元甲站了出来。霍恩第试图阻止，却已经来不及了，心想这下子霍家的脸面真是要扫地了。出人意料的是，不出五分钟，霍元甲居然制服了那人，而且他的一招一式，都扎实有力。父亲这才发觉，当年的弱小子，如今已经长成硬汉子了，自此之后便将祖传的“秘宗拳”悉心教授于他。霍元甲活学活用，融合各家所长，将之发展为“迷踪艺”。霍家的祖传拳艺达到了新的高峰，但这仅仅是霍元甲传奇的开始。

劳碌中的曙光

长大成人后的霍元甲，跟当时的多数青年一样，受父母之命、媒妁之言，与邻村王家之女喜结连理。成家后的霍元甲，担负着全家人生活的重担，于是他开始担柴去天津卫叫卖。多年的习武经历，使霍元甲力大无比，他的扁担也比别人的更长更厚，担的柴有三四百斤重，却依旧行走自如，令路人惊叹不已。本来，如果顺利的话，他或许会一直这么维持生计，过着安稳清贫的小日子。但是世事难料，他刚到天津卫，就有混混凑过来，索要“地皮钱”、“过肩钱”什么的，霍元甲自然不肯出，双方争执之下动起手来。那混混哪是霍元甲的对手，鼠窜之后又叫来一群帮手，皆被霍元甲用手中的扁担打散。而后，他们又集结了40多个人，战况刚要升级的时候，他们的头目冯掌柜赶到，喝止了他们。原来这些混混同属脚行，冯掌柜便是他们的老大。他看霍元甲武艺了得，有心培养他。由于没有别的生计，思虑之下，霍元甲答应了。但霍元甲并未因此成为混混中的一员，相反，他开始想法子免除平民的“苛捐杂税”，这一举动引起了脚行人的不满。道不同不相为谋。霍元甲辞别脚行，去怀庆药栈做了搬运夫。他不知道的是，在那里，他将碰到一个改变他一生的好友。

药栈的掌柜名叫农劲荪。曾经留学日本的他，与同盟会骨干陈其美是好友。霍元甲在搬运期间，赢得了“霍大力士”的美名。闲暇之余，农劲荪邀他品茶闲聊，向他讲述了自己的见闻及想法，大大拓宽了霍元甲的视野。倘若在此之前，霍元甲只是一个盯着自己“一亩三分地”的普通劳工的话，此时他的心中含纳了更为广阔的中国以及世界，爱国之心、民族大义在他的心中日渐萌发，也为他的英雄之路奠定了基础。

不屈的东亚健儿

令霍元甲真正扬名的，当属他的两次擂台战了。第一次打擂台，还是1901年在天津卫的时候。有一个俄国人来天津戏园卖艺，在报纸上登出广告，吹嘘自己是世界上第一大力士，言语之中侮辱中国为“病夫之国”。霍元甲见状十分恼怒，与好友农劲荪、徒弟刘振生一道前往挑战。谁料到，那俄国人听翻译介绍霍元甲的来头之后，心中畏惧，居然不敢比试，只将他让到后台。霍元甲当即质问他为何要侮辱中国人，并给了他两个选择：要么当即登台比试；要么登报承认自己侮辱中国的错误，当众致歉，并取消俄国人“世界第一”的言论。色厉内荏的俄国人最终选择了第二条路，灰溜溜地离开了天津。

1909年，这一幕几乎重现，只是地点移到了上海，吹嘘者也变成了个英国人，但结果是一样的：霍元甲前去挑战，对方不战而败。不同的是，此次之后，霍元甲不再拘泥于一人之

汉口精武体育会成立合影

精武体育会训练照

精武體育會

尚武精神

孫文

尚武精神

力，“欲使国强，非人人习武不可”这一信念开始萌发。次年，在农劲荪的协助下，他创办了“中国精武体操会”，后又将其更名为“精武体育会”，将霍家拳慷慨地公之于世。孙中山听闻之后非常感慨，亲书“尚武精神”四个大字赠予体育会。至此，霍元甲名声大振。

无奈“木秀于林，风必摧之”。日本柔道界听闻之后，很不服气，特地从国内挑选了十几名武士，由柔道会长亲自率领，假借“研究”之名前来挑战。无论是弟子刘振生迎战，还是霍元甲亲自出手，日本人都无可乘之机。恼怒之下，日本人改变策略，邀请霍元甲赴宴。霍元甲是坦荡之人，并未疑心，哪知却是鸿门宴。席间，日本人听到霍元甲咳嗽，推荐秋野医生为其治病。霍元甲并未疑心，入住虹口白渡桥的秋野医院，谁知病情非但不见好转，反而日渐加重。精武会多方周折之下，终于成功将他从医院接出，可惜已于事无补。1910年9月14日，霍元甲病逝于上海精武会，享年只有42岁。而后，霍元甲的弟子及好友拿他服用的药物化

霍元甲纪念馆之精武门（天津精武镇）

霍元甲纪念馆

验，才知道原来日本人给他开的药竟是烂肺药。一代武学大师竟因日本小人的龌龊之举逝于盛年，着实让人扼腕痛惜。但霍元甲的精神并未消亡，他对于武术和体育的重视，将当时弥漫的以鸦片为代表的颓靡风气裹挟涤荡，将中国人“东亚病夫”的帽子撼得摇摇欲坠。霍元甲去世次年，灵柩从上海回归故里，与结发妻子王氏合葬一处。

上海精武体育馆

如今，霍元甲的故乡为了纪念他，已经在2009年更名为精武镇。就在这渤海之滨，他强烈的爱国心、民族情，他坚定的捍卫国家荣誉之信念，如同那浩渺无尽的海水，绵延激荡，不止不息。

霍元甲故居

风雨李鸿章

滚滚渤海，曾历经多少历史风霜；礁石默立，曾承载多少沉浮俯仰；晚霞铺地，这一片海域又见证了多少无言沧桑。

李鸿章像

"天下惟庸人无咎无誉。"这是梁启超在他的《李鸿章传》里开宗明义的一句话。李鸿章，这位颇具争议的晚清重臣，他是中国近代史上许多屈辱条约的签订者。然而，中国近代的许多"第一"，又都与他的名字密不可分——中国第一家近代航运企业，中国第一条自己修筑的商业铁路，中国人自行架设的最早的电报线，中国第一批官派留学生，中国第一支近代海军，等等。国人骂他，是因为他与晚清的许多耻辱有直接关系；西方人敬他，是因为在他们眼里，李鸿章是中国近代史上一位杰出的外交家。

所以，李鸿章——这个名字至今仍饱受着褒扬和批判，承载着尊崇与骂名，让人百感交集——这个名字定格在任何一个版本的中国近代史的课本上，定格在讲述风云变幻的近代历史的荧幕上，也定格在每一个对历史有所思考的国人心中。今天，让我们从渤海这一片海域走近他，走近这个近代中国的风云人物；让我们从渤海这一片海域试着读懂他，读懂他那真挚的期冀和苍凉的海洋梦……

簪花多在少年头

合肥以东三十里的磨店乡，100多年前是个了不得的地方，无人不知这是当朝"中堂大人"李鸿章的老家，而关于李鸿章的少年故事，也一直在这一代悄然流传。

李鸿章天资聪颖。五六岁时的一天，他和几个小朋友在池塘边玩耍。恰巧附近的一位私塾老先生来池塘洗澡。老先生把衣服脱下挂在树杈上，随口吟道："千年古树为衣架。"李

李鸿章故居

鸿章边玩边接了一句："万里长江作浴池。"老先生看这孩子出口不凡，满心喜欢，很想教他读书。他打听到这孩子原来是自己的好友李殿华之孙，于是找到了李殿华的四子、李鸿章的父亲李文安，告诉他李鸿章聪颖过人，很有文采。李文安于是把大儿子李瀚章和李鸿章一起叫到自己的书房"面试"。李文安出上联"风吹马尾千条线"，李瀚章对下联"雨洒羊皮一片腥"。李文安摇头，感觉意境不美。李鸿章则对出"日照龙鳞万点金"。这折射出胸中气象的下联让父亲吃了一惊，当即决定送李鸿章去私塾念书。6岁时的"日照龙鳞"也许是杜撰，但20岁时的自述诗，已经可以一窥李鸿章冀望少年得志的自我期许：

李鸿章故居内景

"蹉跎往事付东流，弹指光阴二十秋。青眼时邀名士赏，赤心聊为故人酬。胸中自命真千古，世外浮沉只一鸥。久愧蓬莱仙岛客，簪花多在少年头。"

机遇并未让这个少年的抱负等待太久。21岁时，李鸿章中举人，24岁中进士，并且年纪轻轻就进了翰林院，开始了他那沧桑起伏的官场生涯。

李鸿章一生纵横捭阖，位极人臣，历任北洋大臣、江苏巡抚、湖广总督、两江总督、直隶总督等职，被梁启超尊为近代史的“当时中国第一人”。

洋务运动的重要倡导者

让我们把目光收回，再去打量一下那个时代：一个王朝，正处于一片风雨飘摇之中，内忧外患接踵而至。清朝末期是中国“三千年未有之历史大变局”时代——西方列强的坚船利炮从海上撕开了中国门户，西方思想强烈地冲击着几千年来中国传统的思想观念。作为清朝重臣，李鸿章自然也受到了这股潮流的冲击。

李鸿章，虽为这个时代的风雨飘摇叹息，更为这个国家的繁荣富强而求索，西方的强大在让他震惊的同时更让他思索，他同张之洞、左宗棠等少数清朝重臣一样，决心学习西方先进技术，于是洋务运动悄然兴起。

大势所趋，人心所向。李鸿章为洋务运动四处奔波，其间主要在渤海之畔的天津停留。在这座交通便利、资源丰富的城市，李鸿章规划着他的洋务之梦。

1870年，李鸿章担任直隶总督兼北洋大臣，主持北洋防务。为了筹办北洋防务，李鸿章在天津大规模发展以军用工业为主的近代工业。在他的主持下，天津成为北方洋务运动的中心。

抵抗西方侵略者的坚船利炮，是李鸿章在天津大规模发展军用工业的根本原因；可他

天津老照片

同样清楚，一个国家的真正强大，更离不开教育的发展、人才的培养。在这种思想指导下，李鸿章在天津主持开办了各种新式学堂。虽然就阶级地位而言，他不可能在这些学堂里宣扬真正自由平等的思想。然而，这些新式学堂的建立对打破封建文化的桎梏，传播近代科学文化知识，培养我国最早的科学技术人才，特别是近代海军人才，起到了不可磨灭的积极作用。

渤海滚滚梦蔚蓝

后人记住李鸿章这个名字，或许不仅因为他是近代中国一系列不平等条约的签订者，主持领导的那场洋务运动留下的深刻影响给滚滚渤海注入的一场蓝色海洋梦。有海洋人士曾这样慨叹："不知道中国近代任人宰割的沉重历史，就不会有奋发图强的昂扬斗志；不走进中国历代海洋思想的神圣殿堂，就不会有继续前行的强大动力。"在近代中国海洋思想的海域里泛舟，自然不能错过李鸿章这个名字。

李鸿章与子孙合影

作为晚清重臣，李鸿章比旁人更能切肤体会到山河破碎的悲凉，也更先于旁人看清了列强对祸难四起的中国最主要的威胁来自海上。在这种情况下，李鸿章认识到：要想救中国，实现民族的复兴，加强海防已成为当务之急。

在海防建设方面，李鸿章表现出了积极学习探索的精神，他认真阅读了当时在中国问世的普鲁士人希理哈德的《防海新论》，从中学习吸收了德国近代海防经验并将其运用到当时的中国。自19世纪70年代开始，李鸿章着手筹建津沽海防，并不断加强大沽海口的设防。此外，在渤海一带，他还主张开设了各种与海洋相关的学堂，相继成立了天津水师学堂、旅顺鱼雷学堂、天津海军医学校等，这些学堂培养了许多近代海军人才，这些人才成为中国近代海军的基本力量。李鸿章在渤海畔践行着自己的海洋梦，渤海也见证着这一切的进行。然而我们知道，由于自身和时代的局限性，这条上下求索之路走得艰难而沉重，最终化成一声缥缈的叹息，在渤海上空久远地回荡……不管怎样，李鸿章关于海洋的种种思考和举措，都为后世求索的国人指明了一条蓝色的道路。

请君莫作等闲看

历史没有留给这个命悬一线的王朝喘息的机会，一场声势浩大的洋务运动由于自身的局限性，未能阻挡一个朝代走向末路的沉重脚步，更未能扶起一座即将倾塌的大厦。1900年6月，八国联军攻陷了中国北方的海岸门户——大沽炮台。三天之后，京城门户天津陷落，李鸿章在这座城市曾呕心沥血兴建起的所有工业学堂，顷刻间毁于一旦。八国联军攻入北京，攻入那个寄托着他少年时就曾梦想着为官为民的皇城，更是将一纸《辛丑条约》摆在了李鸿章的面前。

1896年李鸿章在德国汉堡访问

这一年的李鸿章，已是79岁高龄。然而他无法如一般的耄耋老人般安享晚年，那个《辛丑条约》又把他推向了历史的风口浪尖。历史用图片记录了他前去谈判时的场景，却无法记载下他黯然签下条约蹒跚地从谈判场走出时的心境。我们能从历史资料中了解的是，之前虽身体略感不适，但李鸿章在《辛丑条约》签订之后，累月发烧吐血，卧床不起。在他去世之前的数小时，俄国公使还不放过他，来病榻前纠缠，逼其画押，想要把整个东北作为俄国的“保护地”。李鸿章这次再也不肯退让，拼死不签，继而引发大吐血。临终前，李鸿章曾赋诗一首：

“劳劳车马未离鞍，临事方知一死难。三百年来伤国步，八千里外吊民残。秋风宝剑孤臣泪，落日旌旗大将坛。海外尘氛犹未息，请君莫作等闲看。”

前去谈判的李鸿章

“请君莫作等闲看”！这位晚清老臣在临死前的病榻上，脑海中浮现出的是什么样的场景？是他鲜衣怒马得志簪花的少年时代？是他沧桑起伏、纵横捭阖的官场生涯？是他那心之所系魂之所牵的大清帝国？抑或是他那付诸一生心血的强国富民梦？我们都无从知晓，但从他的这首临终诗里我们却依然能读出他对后继者的嘱托——“海外尘氛犹未息，请君莫作等闲看”！那种对中华民族自强不息的热望！

一代人有一代人的责任，一代人也有一代人的局限，作为晚清重臣，无论李鸿章受到怎样的臧否，他都确实曾竭力把自己的这一棒传递下去。一代代中华儿女，就是秉着这股心劲儿，各执信仰，各走一程。

《辛丑条约》与渤海海权的丧失

根据《辛丑条约》，大沽口炮台及有碍京师至海通道之各炮台完全拆毁，允许海洋列强留兵驻守黄村、廊坊、杨村、天津、军粮城、塘沽、芦台、唐山、滦州、昌黎、秦皇岛、山海关。渤海沿岸以及北京至天津的关键地点允许外国派兵驻守，使京津塘沿岸真正变为“有海无防”的地带。

海洋管理工作的拓荒者——齐勇

战火峥嵘的岁月，他是一代骁将，奋勇杀敌，铸就中华民族的铜墙铁壁；兴国安邦的年代，他是一名先锋，探索海洋，修筑民族威严的海上长城。齐勇的一生短暂却不平凡，他亲历了中国共产党的成长蜕变，也目睹了新中国的成立腾飞，更亲自参与了新中国成立初期海洋事务的管理工作。他的一生，时刻铭记“国家”二字，他用坚强的信念支撑起了生命的尊严，他用自己的辉煌生命诠释了不灭的报国情怀。

铮铮铁骨向红星

他，出生于时局动乱的民国四年（1915年），成长于战火纷飞的峥嵘岁月。他的一生，历经艰难险阻，跟随岁月颠沛流离，追随梦想坚毅前行。他就是齐勇，一名参加过红军二万五千里长征、八年抗日战争和四年解放战争的铮铮铁汉。

齐勇

枪林弹雨的戎马生涯，在齐勇的生命中延续了二十年之久。他在战火纷飞中誓死杀敌，屡立战功，保家卫国。然而，革命的道路是多舛的，没过多久，与齐勇一起加入红军的两个哥哥便先后牺牲了。年少的齐勇在得知噩耗后，并没有被这份撕心裂肺的骨肉之殇所击败，而是愈挫愈勇，化丧亲之痛为保国之力。

1931年，敌人对鄂豫皖根据地发动了第二次“围剿”。在此危急形势之下，齐勇所在的红四方面军奉命在地方武装和广大群众的支援配合下投入反“围剿”斗争中。经过一个多月的恶战，红军彻底击碎了国民党“完全肃清”鄂豫皖边区红军的计划，第二次反“围剿”斗争取得了胜利。此后，齐勇又先后参加了第三、四、五次反“围剿”斗争，在这些战争中，齐勇都奋勇杀敌，协同大部队作战。也正是在这千锤百炼中，年少的齐勇愈发成熟起来。

在长征途中，齐勇担任红四方面军的营长、师部“敢死队”队长，多次率领“敢死队”闯关夺崖、冲锋陷阵。虽多次负伤，但他都没有退缩，而是将红军精神融入自己的骨子中，并将这份对革命的执著热情感染着身边的每一位士兵。

正是齐勇的智慧和英勇，使他在解放战争时期身兼数职。1946年，齐勇在一次中原突围战斗中，面对敌强我弱的不利局势，指挥后卫军向敌军实施阻击战术，进而掩护大部队成功转移。正是齐勇的急中生智之举，为中原突围的最后胜利作出了重大贡献。

1947年冬，任职江汉军区独立旅政委期间，齐勇在分析战局之后，独立旅攻城拔寨，和友邻部队一起合作解放了长江重镇武汉市。这一胜利，着实鼓舞了将士的斗志。

新中国成立后，这位在战争年代骁勇善战的刚烈汉子，耳旁终于不再萦绕战斗号子、枪响轰炸的声音，但是齐勇的军队情结始终搁置不下，很快又满怀激情地投身到我国军队国防建设当中。

中国首任“海龙王”的拓荒之举

这位昔日于戎马倥偬的岁月中英勇奋战的战斗英雄，如何驰骋于我国海疆摇身一变成为中国的首任“海龙王”了呢？这还得从新中国成立之初的海防局势说起。1958年，我国进行了一次大面积的海洋科学综合调查。调查结果显示，虽然我国已经进入了“有海有防”的时代，但是坚实的“海上长城”对于我国来说几乎仍是天方夜谭，我国急需组建一个全国统一管理海洋事务的机构，中国呼唤“有海有防有管理”的海洋时代的到来。

1962年，我国制定了《我国海洋科学十年发展规划》。1963年，国家科学技术委员会海洋专业组在青岛召开会议研讨《我国海洋科学十年发展规划》时，首次提议成立国家海洋局。1964年，在国家科学技术委员会党组、聂荣臻副总理和邓小平的努力下，中共中央同意在国务院下成立直属的海洋局，并由海军代管。7月22日，经由第二届全国人民代表大会常务委员会第124次会议批准，标志着新中国海洋行政管理工作进入一个新时代的国家海洋局正式诞生。10月31日，国务院任命齐勇为我国第一任国家海洋局局长。

60年代的中国，政府对于海洋的管理可谓“白手起家”，既无经验可谈，更无先例可循，那么被誉为“新中国海洋管理工作的拓荒者”的齐勇走马上任后是如何开展工作的呢？据相关资料记载，对于刚刚担任国家海洋局局长的齐勇来说，摆在他面前的两个重大问题就是国家海洋局的办公地点该定于何处以及国家海洋局的结构布局问题。

关于国家海洋局的选址问题，有关专家从技术层面考虑认为国家海洋局适合安家于天津市，毕竟天津靠近海边，不仅“地利”，而且名副其实。然而，齐勇更多的是立足于国家宏观管理、政府与海军的联系以及未来海洋事业发展的层面进行考虑，他认为国家海洋局的新家适合安置于北京，为此他给出了以下三个理由：一方面，国家海洋局作为国务院的一个部门，放在北京更有利于我国海洋事业的发展；另一方面，海军司令部在北京，国家海洋局承担着为国防服务的重任，设址在北京会便利与海军的工作协调；另外，国家海洋局系统的

国家海洋局

建立，离不开海军的支持，也离不开国家机关的支持和帮助。在多次汇报之后，齐勇的建议得到了海军党委和聂荣臻副总理的支持，国家海洋局最终花落北京，安置于北京最繁华的王府井附近。从国家海洋局定址到现在，近半个世纪已悄然流逝，回顾我国海洋事业的管理过程，我们不得不佩服齐勇将军当年的高瞻远瞩。

随着国家海洋局地址的成功选定，齐勇便将精力致力于国家海洋局结构布局的设定之上。在征集了大量海洋专家的意见之后，齐勇大致有了初步构想。他提出，国家海洋局对应海军司令部，下属分局对应舰队，海洋调查大队对应海军基地等。最终，他的构想得到了海军党委和国务院的支持，很快他的构想蓝图便在青岛、宁波、广州等沿海城市生根发芽，结出硕果。

正是这两项任务的成功实施，为齐勇赢得了“海龙王”的荣誉称号。的确，这个称号对于齐勇来说丝毫没有夸张之意。在其任职的三年多时间中，齐勇始终铭记“国家”二字，率领国家海洋局开创了多个第一。譬如，为了使国家海洋局形成一套与我国的军事建设和经济建设相适应的调查服务系统，齐勇等人组建了我国第一个海洋调查系统，这套调查系统至今仍服务于我国的海洋管理事业。为了能够给国家海洋渔业、海上交通、海上石油钻探开采等提供水文气象服务保障和为海军海上作战和训练提供水文气象保障，齐勇经海军司令部批准

国家海洋局

组建了海洋水文气象预报总台。为了优化我国的海洋科研调查机构的布局结构，齐勇经国家科委和海军司令部批准对其进行了重大结构性调整与战略性布局。为了提升国家海洋局海洋调查船的工作效率，齐勇建议国家海洋局的海洋调查船有借用海军沿岸通信导航设施的权利来执行远海海洋监测的任务等。

在齐勇顾及大局、大刀阔斧的管理之下，国家海洋局除了渐渐完成其在全国排兵布阵的工作之外，还对各项海洋机构进行了相应的升级调整，使得国家海洋局在加强政府与海军的协调关系之外，也实现了海洋事业为海洋国防建设服务的战略目标。然而，就在国家海洋局日渐壮大、成熟之际，齐勇的命运却被无辜地卷入“文化大革命”之中。这位在战火纷飞的岁月中坚毅顽强的铮铮铁汉，在这场全国性的大灾难中受到了非人的待遇，于1968年7月2日凌晨含冤离开人世，年仅53岁。

时隔七年之后，为齐勇平反，追认他为革命烈士。自此，齐勇生前的功绩再次被人们所瞩目，他不平凡的一生也终于赢得了最终的尊严。2009年，齐勇当之无愧地被选定为新中国成立60周年“十大海洋人物”之一。在颁奖现场，主持人这样介绍这位革命烈士、海洋先驱：

在战争年代骁勇善战、屡立战功，经历过无数次战役都没有倒下的刚烈汉子齐勇将军，在不堪回首的“文革”期间却用一种我们不愿意接受的特殊方式离开了我们。作为新中国海洋管理工作的拓荒者，齐勇将军有很多海洋的梦想，但他想做的事情就这样停了下来。可以告慰将军的是，他的梦想在很多年以后都得以实现。

国家海洋局

国家海洋局于1964年经国务院批准正式成立，是国土资源部管理的监督管理海域使用和海洋环境保护、依法维护海洋权益、组织海洋科技研究的行政机构。国家海洋局的主要职责有综合协调海洋监测、科研、倾废、开发利用并组织拟订国家海洋事业发展战略和方针政策，建立和完善海洋管理有关制度，对海洋经济运行监测、评估及信息发布，规范管辖海域使用秩序，保护海洋环境等。2013年7月22日，根据十二届全国人大一次会议审议通过的关于《国务院机构改革和职能转变方案》决定，将原国家海洋局及其中国海监、公安部边防海警、农业部中国渔政、海关总署海上缉私警察的队伍和职责进行整合，重新组建国家海洋局，由国土资源部管理。国家海洋局以中国海警局名义开展海上维权执法，接受公安部业务指导。

渤海名士风情画

或宁静或灵动，或细致或粗犷，忽而工笔忽而写意，一方渤海，足以成画。而这渤海，宁静浩渺时，含纳多少文人雅士；大浪滔滔处，涌现许多风流人物。轻轻舒展开渤海这幅画卷，怡人心神的风光扑面而来，众名士的身影更是淡定杳然，曳人心旌。

岁月匆匆，恰如一曲不断流转的乐章，在这乐章之中，总有几个音符格外苍茫动人，或清雅或悲壮，或婉转或嘹亮。名士已逝，其风骨却依旧回响，永久流传。而后的时光之中，浑厚与清扬的音符仍将继续交替，岁月之曲也仍将继续演奏，永不停歇……

萧军（1907—1988）

本名刘鸿霖，出生于辽宁省，与萧红同为“东北作家群”的著名代表。他的成名作是《八月的乡村》，深富内在力度，属于抗战文学的代表作品，也就此奠定了萧军在文坛中的地位。萧军特立独行，受鲁迅影响颇多，称其为父辈。“但得能为天下雨，白云原自一身轻”，生前这句诗，道出他的许多精神。

张明山（1826—1906）

赫赫有名的“泥人张”彩塑的创始人，天津人。从小就跟着父亲学习泥塑创作，练成一手绝技，给人捏像，不要求对方静坐不动，谈笑间捏成。清朝道光年间，创作彩塑作品，不仅颜色明快，而且经久不裂，声名远播，创造了继元代之后我国泥塑的又一个高峰。“泥人张”彩塑题材广泛，上至《红楼梦》等古典名著人物，下至拉洋车的劳动人民，无不在他灵巧的手下栩栩如生。

张伯苓（1876—1951）

天津人，是我国著名的教育家。他先是在北洋水师舰队服役，正赶上甲午战争清政府战败签约，目睹了其腐败无能，顿觉海军报国无望，于是退役，随后留学日本，颇受启发，回国之后连续创办了南开中学、南开大学、南开女中、南开小学，抗日战争期间还开办了重庆南开中学，培养了一批又一批优秀人才。他还是中国奥运先驱，最早倡议中国加入奥运大家庭。他虽目睹污浊，但仍旧为了国家民族不懈努力，认为人们不应当相互指责，而应当自省其身为国家尽职尽责，为我国近代教育、为中华民族之振兴作出了重大贡献。

渤海那些事儿

BOHAI NEI XIE SHI ER

02

衣食住行中领略渤海渔民别样风采，出海作业中品味渤海渔民聪明智慧，习俗礼仪中感受渤海渔民对生命的眷恋珍惜，海神信仰中获悉他们对自然的敬畏崇拜。一件件盛世华服，穿出美好憧憬；一盘盘人间美味，品出百态人生。一首首出海歌谣，唱出生活的喜悦……

海风习习，衣袂飘飞

腥咸的海风里舞动着的是密密麻麻的针脚，炙热的阳光下闪烁着的是精心勾勒的花纹；一匹匹色泽鲜艳的布，一件件经久耐穿的衫，飘飞的衣袂所代表的已不仅仅是日常生活的必需，更是文化的传递和发展。渤海之畔，聪明勤劳的渤海人用自己的智慧编织出独特的属于大海的服饰……

油衣油裤

渤海畔的渔民以打鱼为生，少不了出入在万丈碧波里，无论在渔船上打鱼，还是在海边打鱼，身上的衣服总免不了会被水浸透。夏季尚好，到了春秋两季，冰冷的海水打湿了衣衫，那是很难受的。为了避免打鱼时把衣裳弄湿，很多渔民都要穿防水的衣裤。

以前，由于橡胶制品较少而且价格也贵，很少有渔民能穿上橡胶制成的防水服装。多少年来，按照当地习俗渔民出海打鱼使用的防护用品都是自家制作的油衣油裤。油衣油裤所用面料是从布店里买来的普通白布。人们先把白布做成衣裤，然后进行加工。油衣油裤制作得都很宽松肥大，主要用于渔民出海时套在御寒的棉衣棉裤外面，以便劳动时方便穿脱。

劳作的渔民

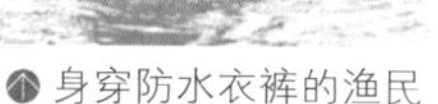

身穿防水衣裤的渔民

出海打鱼

人们把做好的白布衣裤平铺在案子上，然后用手把桐油搓在布面上。在布面上搓桐油的工艺要求是非常高的，不但要把桐油搓得均匀，而且要让桐油完全浸透到布料的纤维里。只有这样，加工后的油衣油裤才美观、柔软、耐用、不透水。加工好的油衣油裤要挂起来自然晾干，待桐油全部干透以后才可以穿用。

桐油是一种优良的植物油，具有干燥快、比重轻、光泽度好、附着力强、耐热、耐酸、耐碱、防腐、防锈、不导电等特性，是加工制作防水的油衣油裤的好材料。加工好的桐油衣裤呈淡黄色，用久了颜色就逐渐变深。渔民身穿桐油衣裤出海打鱼可以避免海水对身体的侵蚀，同时也有挡风遮雨的作用，而且每次使用油衣油裤之后，收藏起来也很方便。

渔民穿着这一身油衣油裤，就不用担心腥咸的海水打湿衣服，便可以放心地出海打鱼了。油衣油裤是渤海渔民智慧的结晶和体现。如今随着时代的发展和人民生活水平的提高，油衣油裤已经逐渐淡出历史的舞台，然而它所代表的劳动人民对美好生活的期冀和憧憬却依然熠熠生辉。

桐油子花

桐油子

以海为厨，美食飘香

掬一捧渤海水，加上几缕渤海月，这样一调和，便勾勒出了属于渤海的味道。千百年来，这片美丽的蓝色海域，既赠予世人百般美景，又给予世人千样美食。渤海，既是一个天然的养殖场，养殖着千姿百态的海鲜；又是一个天然的菜园，生长着数目众多的海菜。将渤海的珍宝一一打捞，用一颗细腻的心细细烹饪，那一片名叫渤海的海域便洋溢着浓郁的美食的味道……

海鲜饺子VS海味包子

对于中国北方人来说，饺子是一种再熟悉不过的食物。无论是平日里的家常便饭，还是接待贵宾的高档宴席，饺子都是餐桌上一道独特的风景。对于位处中国渤海之畔的人们来说，海鲜饺子则是渤海赠予他们的别样礼物。

海鲜虾包

海鲜饺子，顾名思义，就是用各种海味调成馅做成的饺子，这是世世代代的渤海人“靠海吃海”吃出来的小花样。渤海海鲜种类繁多，海鲜饺子也各式各样，从鱼馅水饺到虾类水饺再到各种各样软体海洋动物水饺，渤海人将海鲜与传统食物相结合，别具匠心地创造出了独特的美味。

鱼馅水饺是渤海人最常吃的海鲜水饺。在鱼馅饺子中，最经济实惠、最具有特色的当推鲅鱼水饺。包鲅鱼水饺，要选用新鲜鲅鱼，去掉内脏、鱼头、鱼骨刺、鱼皮以及皮下红肉，将剩下的嫩肉切成小块，放入适量调味品后按一个方向搅拌，边搅拌边加水，直到鱼肉块全部搅碎，再加入切细的韭菜搅匀成馅。饺子面皮要揉到一定火候，皮要擀得薄，馅要放得足，用大锅急火煮，煮熟的饺子皮薄馅大，就像一个大鱼丸子，吃起来鲜嫩清新，香而不腻，是渤海人最爱的海鲜饺子之一。

渤海人经常吃的虾类饺子中，最受大家喜欢的是对虾水饺。对虾水饺要选用最新鲜的对虾，将其去头、皮、肠等，然后用刀将虾肉切成虾段，切忌将虾肉剁碎，再配以新鲜韭菜、食油、调味品拌匀。饺子皮擀得既大又薄。饺子煮好之后透过薄薄的饺子皮能看见里面的一段一段的红色虾块，让人垂涎欲滴。

说完海鲜饺子，当然也要提一提海味包子。包子也是中国传统食物之一，以价廉实惠、味道鲜美闻名，在民间深受喜爱。海洋里海味众多，用这些海味调制成的包子馅，自然也是独树一帜。可用来制作包子馅的海味也有很多，既有味道鲜美的肉类贝类，也有清爽可口的海菜。渤海渔民们将海鲜一筐筐打捞起来，将海菜一筐筐晾晒起来，经过挑拣清洗之后便可以制作成馅，成为渤海人日常饮食中必不可少的食物。

鲅鱼水饺

威海太太鱼饺

在各种海味包子中，长岛的海菜包子极负盛名，被许多游客评价为最好吃的包子之一。长岛一年四季均有时新海菜，可做包子的用菜。海青菜、紫菜、铜藻、裙带菜、鹿角菜等，诸菜中当属早春的海青菜和萱菜做包子最多见。海菜一般都喜大油和大蒜，所以岛上人做海菜包子时，除用足食油外，多用肉丁和大蒜片配馅。包子的皮以烫面为好，个头不大，但菜要塞实包严。蒸熟以后，尚未揭锅，鲜香味便扑鼻而来。外软内香，多种菜类合成的包子馅清鲜可口，深得人们的喜爱。

无论是海鲜饺子，还是海味包子，都是聪明勤劳的渤海人将渤海的馈赠与传统的饮食相结合的典范。皮薄馅多的饺子，热气腾腾的包子，挑动着人们的味觉神经，也寄托着渤海人丰收的喜悦和对幸福生活的憧憬。

蓬莱小面

渤海之畔的蓬莱不仅有“人间仙境”蓬莱阁，还有一种驰名中外的特色美食——蓬莱小面。作为蓬莱地区的传统小吃，蓬莱小面是一种由人工烹制、当地俗称为“摔面”的面条，加上加吉鱼熬汤兑制的卤，再加绿豆淀粉并配以其他佐料做成的具有独特海鲜风味的特色美食，至今已有近百年的历史。

之所以称之为蓬莱小面，首先是因为它小。玲珑小碗，只盛得一两，细长柔软劲道，遇到能吃的当地壮汉，几乎一口一碗，如玩魔术，吃得外地人无不张嘴做惊诧状，小面因此得名。其次是精细。只见那拉面师傅，手中一个柔软面团，三拉四摔，数个回合，一个面团即被摔成百条细细软软的银丝，因而，当地也叫“摔面”。做小面，和面是颇见功夫的。用水和面时又加了碱水揉匀，秋冬季还要用湿布把面团盖好，叫“醒面”。这样调制的面，柔中带韧，韧中见柔，颇为耐摔，在摔面师傅手中上下翻飞，十分好看。拉好的小面往热水翻滚的锅中一放，一滚开就好，一两一碗，很是利落。

关于蓬莱小面，还有这样一个传说。民国时期，蓬莱人于宝善在蓬莱县城西街路北开店，聘衣福堂为厨。一日，三名客商于天黑前赶到此店，想吃碗面再继续赶路。店主于宝善命速做三碗面条。无奈面条所剩无几，卤汤原料用尽，天又漆黑，上街买料也为时已晚。这下可难住了衣福堂。他左思右想，计上心来，将现有面条分成三份，装入三个碗中，把清蒸加吉鱼拆肉，熟猪肉切丁，倒入鸡汤，加配料、佐料调制好，端到客人面前。三位客商品尝后大为赞赏，称道此面为天下至味，遂邀衣福堂于桌前详细询问其制作方法，并赏银钱若干。从此，衣福堂制作的蓬莱小面闻名遐迩。

衣福堂制作的小面用料和做工极其考究，面条为人工拉制，条细而韧；卤为加吉鱼熬汤兑制，加适量绿豆淀粉，配以酱油、木耳、香油、八角、花椒等佐料，具有独特的海鲜风味，每晨仅售百碗，以其做工考究、味道鲜美远近闻名，常有外地客商以吃不上衣福堂小面为憾。

按蓬莱农村的传统，逢丧逢喜，“蓬莱小面”是民间宴会中必上的压轴主食。因此，这种宴请也就以“吃面”代称，去别人家赴宴也就是“去吃面”。在主菜过后，主人一般会聘请当地比较有身手的师傅来现场“摔面”。

鱼味糊糊汤

随便走进一户渔民人家，都常会在餐桌上看到一道具有当地风味的特色小吃——鱼味糊糊汤。鱼味糊糊汤是类似疙瘩汤的一种加佐料的玉米面粥。海边人因玉米面对鱼腥有一种特殊风味而特别喜食。其做法是在鱼汤烧开后，将掺水搅匀的玉米面下入锅内。鱼味玉米汤做出来呈浓稠状，配之以嫩绿的新鲜蔬菜，加之鱼味的鲜气，颇能增人食欲。

↑ 鱼味糊糊汤

八仙宴

在蓬莱，“八仙过海”的传说家喻户晓。以此为据，1989年蓬莱宾馆厨师新创“八仙宴”。八仙宴以大虾、海参、扇贝、海蟹、红螺、真鲷等海珍品为主要原料，由8个拼盘、8个热菜和1个热汤组成。拼盘制作仿照八仙过海使用的宝物拼成图案，造型生动别致，工艺精巧，盘盘都有神话典故，不仅味道鲜美，还可观赏助兴；热菜烹饪更为精致，呈现蓬莱多处名胜景观，巧夺天工；热汤以八种海鲜加鸡汤制成，味道鲜美奇特。

八仙宴

八仙过海雕塑

龙口粉丝

提起龙口粉丝，大家一定不陌生，它是中国的传统特产之一。据史料记载，龙口粉丝已有300多年的历史，最早产地是招远，以后逐渐发展到龙口、蓬莱等地。龙口粉丝的出口最早可追溯到100多年前，1916年龙口港开埠后，直接把粉丝运往香港和东南亚各国。此时招远生产的粉丝，绝大多数卖给龙口粉丝庄，龙口成为粉丝的集散地，因而得名龙口粉丝。龙口粉丝因原料好、加工精细，产品质量优异，被称为“粉丝之冠”。

龙口粉丝选用优质的绿豆为主要原料，在传统工艺的基础上，采取现代科技生产而成。其丝条匀细、纯净光亮、整齐柔韧、洁白透明，烹调时入水即软，久煮不碎不糊，吃起来清嫩适口、爽滑耐嚼、风味独特，每家每户都十分喜欢。同时，粉丝含丰富的淀粉，与各种蔬菜、鱼、肉、禽、蛋等搭配，可烹调出中、西式家常菜和宴席佳肴，一年四季皆可食用，可凉拌、热炒、炖煮或油炸，是家庭及饮食业食材之佳品。

无论是推门走进高档酒店，还是漫步在渤海畔的大街小巷，都能与一道道精美的菜肴、一份份别样的点心相逢。绵延千里的海岸线，养育了心灵手巧的渤海人，也提供给他们无尽的食材，让他们从这一片蔚蓝的海域中发挥无限的灵感，将一盘盘美味的食物菜肴捧上了餐桌。这一捧，捧出的是渔家人温馨的家庭生活，捧出的是渔家人对美食的不懈追求，捧出的更是渔家人对美好明天的殷切企盼。

家住渤海边

渤海湾的水土，用草泥顶庇护过渔民，用鲜美的鱼米哺育过乡亲。家住渤海边，看那一座座别具特色的渔家建筑，承载着渔民对家园最美好的企盼；看那曾经偏僻的滩涂崛起了新城，楼宇高起承载着乐业的安居。渤海渔民作为大海之子，世世代代傍海而居、以海为生，居住方式亦呈现出与内陆不同的别样特色与风情。

因地制宜取材

渤海民居体现着因地制宜、就地取材的建房风格。这和当地的自然环境特殊有关。沿海居民通常使用石头来做房屋的主体墙，用茅草、海草做房顶，这是因为石头、茅草、海草资源比较丰富，容易获取。而且，沿海多大风大雨天气，春夏季节潮湿，秋冬季节寒冷，用厚重坚固的石块做墙体，用柔软的茅草、海草做房顶，既可以抵御狂风暴雨，又可以防潮防腐。夏日祛腐，冬天防寒，生产与生活材料的共享互补，体现了渤海渔民生活的特色和智慧。

海岛民居

渔村民居遗址

渔民房的海草顶

简洁实用并重

渤海畔的渔民也许是受长期居住在海边这一特殊地理环境的影响，也许是终日在船上面对海洋劳作的缘故，他们在建造房屋时特别注重其实用性与简洁性，而且建造的房屋与所从事的海洋性生产活动密切相关。渤海民居的内部一般都有一个所谓的“地道”，其实就是北方内陆农村所谓的“院子”，它是用来存放渔网、鱼筐等渔具的地方，也是渔民捕回鱼虾蟹贝后在家里进行分类加工的地方，还是补网等从事海洋作业附属劳动的场所。渔民通常家家都有水井。水井大多挖在墙的侧角，或者设在厨房的灶前，这是因为沿海地区少江河湖泊，也没有水库水窖，雨水很难保存，淡水资源缺乏。“室内有口井，用水不用慌。”因此，先挖井后造屋已经成为当地的习俗。

渔家广厦虽然千姿百态，但离不开共同的建筑思想，而这些建筑思想所体现的也正是渤海渔民的心灵手巧和聪明才智。一栋栋房舍临风而立，包容着一个个家庭的酸甜苦辣，见证着一个个家庭的悲欢离合。房屋，已不仅仅是一个简单的建筑，更是远行的渤海渔民心灵永远的慰藉之所和港湾。

海洋狂欢

一场场海洋狂欢洋溢着的是渔民对渤海这片海域的感恩和歌颂，是对人海相依美好情感的传承和延续。一盏盏亮起的渔灯，点燃的是对幸福生活的追求；一艘艘船只，扬起的是美好明天的风帆；一首首盛世欢腾的赞歌，唱响的是对海洋馈赠的感激。海洋狂欢，涌动着渔民最质朴的情感，描绘着生命最原始的底色。

蓬莱地区渔灯节

朝出顺风去，暮归满载回。在渔船的驾驶舱前贴上吉利的对联，燃起大挂的鞭炮，锣鼓、秧歌汇成一片欢庆的海洋。傍晚时分，人们把用萝卜制作的渔灯，送到自

蓬莱渔灯节

蓬莱初旺渔灯节一景

蓬莱初旺渔灯节一景

家的窗台和门口，或者直接送往港口、渔船，让渔灯星火点亮漆黑的夜空。这就是蓬莱渔家人特有的节日——渔灯节。

每年正月十三或十四午后，渤海沿岸渔民便以家庭为单位，自发地从各自家里抬着祭品，打着彩旗，一路放着鞭炮，先到龙王庙或海神娘娘庙送灯、祭神，祈求鱼虾满舱、平安发财；再到渔船上祭船、祭海；最后，到海边放灯，祈求海神娘娘用灯指引渔船平安返航。这便是蓬莱渔灯节的雏形，它是从传统的元宵节中分化出来的一个专属于渔民的节日。如今的渔灯节，除了这些传统的祭祀活动外，还增加了在庙前搭台唱戏及锣鼓、秧歌、舞龙等多种群众自娱自乐的活动。

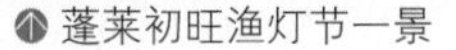

祭海是节日里最精彩的节目。亲朋好友和船员们早早就到船主家集合了。这一天，船主备足了美酒佳肴，来客则大碗喝酒、大块吃肉，尽显出渤海人那种甘苦与共的豪爽义气。人们按照古老的习俗，以船为单位，从自家的小院出发，打着彩旗，敲着锣鼓，抬着供品，扭着秧歌，一路放着鞭炮。他们要到港湾里的船上，送上一份对于大海的虔诚。

渔灯节是渔家文化的典型代表。渔灯节不仅是渔民的一种祭祀活动形式，而且

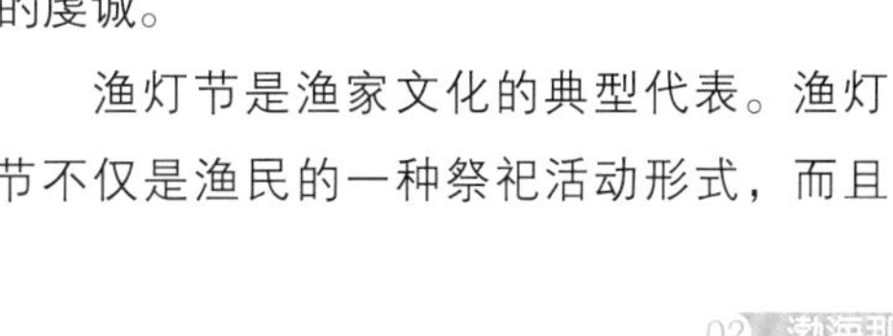

蓬莱初旺渔灯节一景

是渔民民俗文化的重要组成部分。例如，渔灯节中贴对联一项，渔灯节前夕，渔船都在港湾里驻泊，渔民把对联贴遍渔船。在渔船船头，贴上大大的“福”字。驾驶舱前贴上对联，比如“迎春夏秋冬福，发五湖四海财”，横批为“鱼虾满舱”；“朝出顺风去，暮归满载回”，横批为“四季发财”；“船头无浪行千里，舶后生风送万程”，横批为“海不扬波”；“一网两船，满载而归”，横批为“开业大吉”等等。“渔灯节”对联具有祈福求平安、渴望渔业丰收的内容，表现出渔民对即将到来的春汛的盼望和对亲人出海平安捕鱼丰收的祝愿，以及对大海赐予丰美的鱼虾的感谢，祈求神明保佑，免灾除难。

如今的蓬莱渔灯节被公布为山东省非物质文化遗产，由民间的海洋民俗活动逐步发展成为政府保护的非物质文化遗产项目，节日规模日趋扩大，参加人数日益增多，已经成为一个热闹祥和、富于地方文化的渔民盛典。渔灯节上点起的那些渔灯，点亮了海洋和天空，点亮了渔民们许下的每一个愿望。

渔灯节起源

渔灯节，据山曼先生撰写的《山东蓬莱渔灯节的调查与研究》考证，是从传统的元宵节中分化出来的一个专属渔民的节日。据《登州府志》（卷二）记载，建村较早的芦洋村（原名芦洋寨）始建于明朝洪武二十九年（公元1396年），距今617年。据山后顾家村81岁的顾广信讲，山后顾家村建村已有551年的历史。他听他爷爷讲，有村就有渔灯节，由此推算渔灯节至今已有500多年的历史。

长岛妈祖文化节

妈祖，是我国古代的海神娘娘，自宋朝以来，其影响遍及我国沿海和东南亚各国，延伸到俄罗斯、朝鲜、日本及非洲等国家和地区，不断发展继而成为世界上独树一帜的中华妈祖文化。

长岛妈祖文化节开幕式

妈祖文化起源于福建湄洲，有1000多年历史。长岛因其在北方特殊的地理环境与历史作用，逐渐成为北方妈祖文化中心。长岛妈祖的影响极为深远，公元1060年，海上女神(妈祖)信仰由福建沿海一带传播到北方，福建船民把妈祖像供奉在长岛(庙岛)的沙门佛院，北方妈祖文化与信仰由此兴起。长岛使中华妈祖文化与信仰在北方乃至世界的发展传播长达950年，至今仍有日本、韩国、巴西、印度尼西亚、泰国、澳大利亚等国家和地区的华人社团、妈祖信众和知名人士群集长岛祭拜进香。

每年的农历三月二十三日是妈祖的生日，长岛的庙岛都会举办妈祖文化节暨妈祖诞辰庆典。节庆活动分为祭拜仪式、文艺演出、渔家海上游项目及渔家民俗文化展示四大部分。庆典活动展示海岛人民对妈祖虔诚信仰的文化传统，以及独具魅力的渔家民俗文化。在此期间，游客既可欣赏到官祭、民祭、舞龙、舞狮、民间戏剧、渔家号子等传统民俗节目，又可参与鸣放鞭炮、舞龙、扭秧歌等文娱活动。

如今的妈祖文化节，祭奠的已不仅仅是妈祖这一位传说中的海神，更是一种民族精神，一种真善美的化身，一种对美好事物的追求和渴望，一种民族之魂。

长岛妈祖雕像

秦皇岛山海关海洋节

和其他历史悠久的海洋狂欢相比，秦皇岛山海关的海洋节还是一个新生的、正在发展中的节日庆典。2005年7月，秦皇岛山海关欢乐海洋公园举办了历时两个多月的第一届秦皇岛山海关海洋节。海洋节的举办让秦皇岛山海关海洋公园歌舞欢腾、人声鼎沸，多姿多彩的艺术表演，篝火啤酒大赛，挑战吉尼斯纪录的海底集体婚礼，海洋动物欢乐动员会，一切的一切都吸引着无数游人的目光，让他们在这里流连驻足，感受着海洋带来的浪漫与欢乐。

无论是肃穆庄重的传统祭祀，还是时尚欢快的现代庆典，海洋狂欢都是人与海的一次接触与交融，一次对话与交流。时代的发展不会带走人们心中最原始的希冀，社会的进步也不会磨灭人们心底最诚挚的梦想。渤海海水养育了渤海人，渤海人也在用自己最质朴的方式对这一片蔚蓝献上一曲最真挚的颂歌。

秦皇岛山海关欢乐海洋公园局部

山海关一景

渤海习俗

与海洋相依，与海洋相约，世世代代生活在渤海之畔的渔民，早已与这片蔚蓝海域许下了静穆的承诺，在日积月累代代相传中形成了独特的习俗。这些习俗，如同一条丝带，飘荡飞舞在每一个渤海人的日常生活中；又如同看不见的脉搏，连接着渤海最有力的心跳。

一代代渔民千百年来用心血和汗水打造的渔家文化中，包含着独特的民风民俗，有生活习俗、生产习俗、节日习俗、礼仪习俗等。渔船在出海之前，渔民总要到海神庙前烧香烧纸、磕头许愿，祈求平安；早年的渔船上还设有香童，专职给供奉在船上的海神娘娘像烧香上供，以示敬重。渔船在汪洋大海中作业，常遇到大鲸鱼、大海龟等海洋巨兽，为避免受其伤害，船老大往往亲自站在船头，向巨兽洒三碗米酒，谓“洒酒祭海”，求巨兽让开。旧时渔船无探鱼设备，一些较大的渔船就在桅杆上吊个木桶，渔船进入渔场后，就选择眼神好、有经验的渔工攀上桅顶，站在木桶里四处瞭望，发现鱼群，就用小彩旗指挥船老大转舵，驶向鱼群处撒网，站在木桶里瞭望的人被称为“渔眼”。

船上不准打海鸟

在渤海上泛舟的渔民，有着这样一个不成文的规定，即船上不准打海鸟。不但不准打海鸟，有时甚至要把捕捞上来的鱼虾扔到海里喂海鸟。对于终日漂泊在一望无际的蔚蓝色海洋上的渤海渔民来说，海鸟的低鸣高飞，给他们的生活带来了无限的趣味与慰藉；海鸟在暴风雨中穿行，又给他们带来了无尽的勇气。不仅如此，海鸟在风暴来临之前，总有些奇异的征兆，这些征兆仿佛是对渔民的一种提醒，渔民常常因为海鸟的提醒而躲过灾难。因此，对于海上渔民来说，海鸟不只是一种生灵，更是一份陪伴、一种鼓舞、一个带给渔家人平安的吉祥物。

船有外号会发家

一艘渔船从能工巧匠的手里造出来之后，船主要为它起一个吉祥的字号，如安泰和、福来顺、鸿升泰、渔兴子等。然而，外号无论中听不中听，船主都会欣然接受，因为有俗语说“没有外号不发家”。外号的来源一般有两种情况：有些地方是在新船造成之后，由造船的“大木匠”送外号。“大木匠”所送的外号，即兴色彩很浓。比如，造船期间，船主总是给工匠好饭吃，几次吃大肉包子，

渔船

使得他们很感激，“大木匠”就会送给新船“大肉包子”的外号。相反，如果船主待工匠不周，经常让他们吃高粱面做的“胡汤饼子”，“大木匠”带着不满的情绪，送新船的外号就会是“胡汤饼子”。世代相传的习俗是，“大木匠”无论送什么外号，船主都必须接受；请求更改，则会被看成是不吉利的事情。

渔船

还有一些地方船的外号是由众人议论所形成的，不知由谁发起，一传十，十传百，就有了一个外号，而这外号的起因更是千种百样。如果一条船造得憨头憨脑、肚大腰宽、能吃载却跑不快，人们便会送外号“大猪圈”。如果船身轻盈，同样的风它总会跑在别的船的前头，便会得名“飞毛腿”。其他的诸如“小红鞋”、“大毡帽”等等，各种各样的外号无所不有，念出来让人忍俊不禁。

造船习俗

渔船是渔业生产最重要的工具。俗语道：“酒少难请客，无船难打鱼。”一艘船身轻盈、乘风破浪的渔船对渔民出海有着至关重要的意义。关于造船，也有各种各样妙趣横生的习俗。

正在建造中的渔船

造船第一天的工作叫做“铺志”，又叫做“连大底”。以参钉穿连底盘，用“工”字形铁铜钉固定，选材下料后，将碎锅铁砸入板中。锅铁要排满砸匀，凡水下船板都要砸入锅铁，待新船造成之后，再用锯木头时的木屑和桐油加热涂刷砸入锅铁的船板，形成保护层，可保船板不受虫蛀。在船底用钉和砸锅铁时，一定要小心从事，决不可侵犯船的中轴线。渔民认为中轴线代表着一艘船的心，用了铁钉便变成了“穿心钉”，按照俗规是犯禁忌的。

“铺志”要选取吉日。开工时将底盘、船梁等用料在船场里摆成好看的图形，挂红摆供，上香焚纸，燃放鞭炮，船主向海而拜，造船的大木匠在一旁大念喜歌。仪式之后，主人要宴请工匠，以示感谢。

在造船进行到一半的时候，要为船只安上大绵梁。大绵梁是一艘船十分重要的组成部分，是稳固大桅的横木，因为受力极大，所以必须选用质地坚实的硬木。一般一艘船到了安大绵梁的时候，便要“比龙口”或者“比量口”。这时候要举行仪式，摆供祭神，对工匠进行犒赏。建造出来一条大船，一般需要将近半年的时间，参与造船的各类工匠有四五十人，另外还会有不少杂工和帮工，所以“比龙口”的饮宴场面喜气洋洋，十分可观。

新船造成下坞时也要举行仪式。在蓬莱一带，新船下坞时，船主选择黄道吉日，船头披彩，船桅挂红旗，设供品，点蜡烛，焚香纸，鸣鞭炮，行大礼。船主用朱砂笔为新船点睛、开光，高呼“百事大吉”、“风平浪静”、“一帆风顺”等，将船只送向大海。

内涵丰富神秘的渤海孕育出了如此古朴淳厚又多姿多彩的海洋习俗，如同一首久远的歌，如同一支清丽的舞，歌颂的是生生不息的生命旋律，舞动的是代代相传的不朽节拍。走进这些独特的渤海习俗，我们仿似走进了渤海渔民多彩的生活，走进了他们对未来美好的企盼和歌颂……

渤海神仙文化

变幻莫测的海上幻境，烟雾缭绕的海上仙山，神秘莫测的海底世界，再加上民间艺人的口口相传，帝王将相的争相膜拜，文人骚客的笔墨记载。渤海，这片海域因而变得底蕴深厚,仙气飘飘。对此，祖辈们无法解释，为了满足心灵的慰藉，便相信现实世界之外存在着超自然的神秘力量或者神灵，希望通过虔诚的祭拜来保佑平安，由此便产生了神仙信仰，进而形成了一种文化，影响着渤海人的日常生活，也影响着渤海人的心灵寄托。

独特的八仙文化

虽然在渤海一带有着形形色色的神仙信仰，然而最深入人心的还数渤海的八仙文化。提到八仙，大家都耳熟能详，或多或少都能说出一些关于他们的奇闻趣事。八仙是民间广为流传的道教的八位神仙，与道教许多神仙不同，他们均来自民间，而且都有着多彩多姿的凡间故事，所以深受民众喜爱。他们各具特点，例如汉钟离的袒胸露乳、吕洞宾的自由自在、李铁拐的酗酒成瘾等，这使得八仙的形象更贴近生活，更深入人心。一般的道观都有供奉八仙的地方，或是独立设置八仙宫，供善男信女们前来敬拜。

八仙图

八仙桌

八仙并不像有的神仙，只端坐在庙宇中，而是已深入到渤海人生活的方方面面。在日常生活中的许多场合，都可以看到他们的身影。在有的建筑上，也常有八仙形象，甚至在旧时新娘出嫁所乘的轿子上以及印糕上，都可以看到形态各异、栩栩如生的八仙造型。明代出现的青花瓷瓶上有以西王母为中心的图案，其中也有八仙祝寿的场面。有种方桌被称为“八仙桌”。堂屋迎门放一张八仙桌，两边各放一把太师椅，有客来，宾主分坐两边，喝茶、说话，很有仙人的感觉。在饮食风俗中，不仅酒与烟有以八仙为名的，如山东蓬莱的“醉八仙”酒，青岛的“八仙过海”烟，近些年又有八仙宴、八仙系列菜等问世。

八仙文化对渤海人的精神信仰也有着很深刻的影响，八仙的形象通常会出现在年画、刺绣、瓷器、花灯及戏剧之中。例如《八仙庆寿》年画，八仙集于一张图画上，因他们来自社会的不同阶层，多是平民，贴近生活，在民俗中寄托着吉祥如意的美好愿望，他们的画像很受欢迎。另外，“八仙祝寿”也成为民间艺术常见的祝寿题材，民间戏曲酬神时，也经常上演《醉八仙》或《八仙祝寿》等所谓“八仙戏”。

海上灯塔

宋、元以来，人们不断把民间的种种传说加到八仙的身上，使八仙的故事越来越丰富、离奇和神采飞扬，差不多成了老百姓心目中神仙的总汇与顶级代表。到了明、清时期，更是出现了许多以八仙故事为题材的文学作品，民间传说附着于神仙的故事，使神仙更具人情味，而且活灵活现。同时，将神仙事迹跟市井生活巧妙地融为一体，从而更加生动、贴切。或许，这正是八仙故事受到群众喜爱、流传不衰的原因。

八仙文化的深入人心，和他们所代表的精神思想是密切相关的。八仙分别代表着男、女、老、幼、富、贵、贫、贱，是世俗社会不同阶层的代表，他们蔑视权贵，同情人民，抑恶扬善，造福百姓，体现了一种“和合”精神。八仙故事中最有名的应数八仙过海的故事，这个故事展现了团结协作、同舟共济的精神内核，这些精神早已渗透在渤海人的精神里，闪烁着智慧的光芒。

渤海其他的神仙文化

除了八仙文化，渤海畔还有其他形形色色的神仙文化，例如大家耳熟能详的龙王和海神娘娘。在渤海渔民的心中，这两位神仙保佑着渔家人出海的平安，保佑着渔家人的幸福安康，为了供奉这些渔民心中的神仙，渤海各地修建了很多庙宇殿堂，供善男信女们前来祷告祈福。在辽宁一带，还流传着一位独特的神仙信仰——歪脖老母。辽宁省北镇市常兴店镇有一个青岩寺，青岩寺始建于北魏，盛于中唐，至今有1300余年历史。自古以来，香火绵延不断，尤以歪脖老母名闻天下，前来许愿者摩肩接踵。据《东北古迹轶闻》记载：南海落潮现一尊青石佛像，人们请至青岩石山云中古洞，及门不能入，有戏之者曰：老佛若一歪脖则可入，言已，见佛像之颈即歪，众人从容移入。置诸于莲花台上，吃惊老佛显灵，皆肃然起敬而出，忘记请老佛正脖，故至今尚歪。在跨越千年的历史中，这里始终香火旺盛，降香朝拜者如云。歪脖老母被信众们誉为普度众生、有求必应的灵验之神。

渤海一带庙事兴旺，经常会举办一些庙会，庙会一般延续七八天甚至十几天，南北各地来的船只，都自愿出资，唱戏酬神，大戏连台，夜以继日。庙会时，来人极多，码头岸边，停船无数。

虽然神仙崇拜只是精神慰藉的表象，但它却是人们自我保护意识的表达，给了渤海渔民们与海上风暴做斗争的勇气和魄力，同时也滋养了渤海人的精神和性情。

歪脖老母

值得珍藏的渤海风俗画

轻轻拂去时光留下的尘埃，缓缓展开属于渤海的这幅风情画，无论是浓墨重彩的渲染之处，还是工笔描绘的细细勾勒，每一处，都有属于自己的别样风采。在鲜艳华丽的衣衫中穿梭，在令人垂涎欲滴的香味中沉醉，在舒适温馨的家园中入眠，在热闹熙攘的盛会中欢歌，在香烟缭绕的庙宇前祈祷……这一幅风俗画，包含了渤海渔民日常生活的所有故事，讲述了渤海渔民的酸甜苦辣、热切企盼和美好憧憬。

合上画卷，闭上眼睛，似乎还沉浸在渤海的美好故事里。渤海浩渺的烟波里荡漾着独特的风情，习俗也如同那散落在沙滩上的贝壳一样被一一打捞起，带着永不消散的迷人光泽……

鱼　面

鱼面是长岛县各渔村最风行的饭食。旧时渔村缺粮，一般都以鱼为“粮”，鱼面就是其中最有代表性的一种。做鲜鱼面，先将小鱼或鱼块放在锅里爆炒，然后加水烧开，水开以后放入手擀宽面条，面熟了之后加“青头”（韭菜、菠菜或香菜）。做面时，鲜鱼并不去头剔骨，做成的面条鱼多面少，白汁浑汤，吃时面条和鱼一起入口，味道鲜美。

“过龙兵”

渤海沿海居民视鲸鱼为神物，传说它是龙王爷的保驾大臣，统率着龙兵，所以在海中遇到鲸鱼，俗称“过龙兵”。从前专营海运的大船上都备有锣鼓，遇到鲸鱼，船员们敲锣打鼓，向海中撒大米饭和馒头，求“龙兵”退让，保佑平安。

渔船相遇要礼让

渔船在海上遇到别的船只，按照习俗有礼让的规矩。两船对面相遇，大船让小船，顺风船让逆风船。并行相遇，同为逆风，橹前船让橹后船。渔船下网，航行的船要让开网地，后下网的船要让先下网的船，停泊的船要让下网的船。

渤海那些诗情画意

03

画卷舒展，描绘着万里河山的壮丽景象；踏浪飞歌，讲述着人海之间的悠悠情思；提笔抒怀，吟咏着胸中深藏的豪情壮志；放飞想象，传递着底蕴深厚的古老传说。各种艺术形式如同斑斓的色彩，让渤海的上空升腾出一条七色的彩虹；各种艺术形式又如同一片钻石的切面，在渤海的沙滩上折射出夺目的光芒。月净沙白，舟楫搁浅，御海临风，看诗情画意在渤海中倾泻奔腾，带出一片星辰如海，带出一片岁月如歌……

世代相传的美丽传说

渤海之畔，那一山一水，一石一木，无不在先人的口口相传中留下了美丽动人的故事和传说。那些世代积累的故事和传说如同散落在沙滩上的珠贝，留给后人去发现和采撷，去收获与感知。从而去触摸那渤海厚重的人文底蕴。

渤海湾——都是“天蓬元帅”惹的祸

传说很久以前，渤海湾不是海，而是一块五谷丰登、风调雨顺的风水宝地。直到有一年这里遇到千年不遇的大旱，河水干了，地皮开裂了，庄稼枯萎了，眼看就要把人畜全旱死了，人们点燃高香，摆下供品，到龙王庙去求龙王爷普降甘霖，以解万民之苦。一时间，龙王庙前车水马龙，人山人海，比庙会还要热闹。尽管锣鼓喧天、香烟缭绕，可是百姓们求雨一连三七二十一天，一个雨点也没求下来。天老爷不下雨，龙王爷黑了心。老百姓没办法，就骂起地方神土地爷来了：“土地呀土地，你住在庙里，成年给你烧香拨火，如今黎民百姓眼睁睁旱死，你就这样看着吗？”

天蓬元帅画像

土地神被人们骂得沉不住气了，只好硬着头皮去求东海龙王敖广。可是，执掌一方水土的东海龙王，哪里把小小土地神放在眼里？他不但不给半点雨水，还一顿臭骂把土地神给骂了出去。土地神一气之下来到灵霄宝殿，见到了玉皇大帝，把事情原委奏述了一遍，一把鼻涕一把泪，磕头如小鸡啄米一般，恳求玉帝哀怜下界苍生，赶快命东海龙王施恩降雨。

玉帝听完土地神的哭诉，深感其诚，动了恻隐之心，慢条斯理地说：“土地神！你的一片至诚，朕很感动。敖广未能及时行雨，也有他的苦衷。今年普天大旱，水源甚紧，他奉天命行事，对你虽有不恭也就不要再计较啦。朕为你行雨就是。来呀！宣天蓬元帅上殿！”

天蓬元帅是个见酒不要命的家伙，成天拎着个酒坛子喝得醉醺醺的。听到玉皇宣他惊出一身冷汗，酒劲也过了几分。他摇摇晃晃地来到金殿，跪在丹墀，舌头都短了。玉皇见怪不怪地说：“看你这样子，又喝酒了吧？如今下界天旱成灾，土地神管辖的地域，灾情更重，再不下雨，万物生灵就有灭顶之灾。为解救下界生灵，从你的水域分拨给他们部分天水。注意适量，万万不可浪费。快快领旨吧！”

“臣，遵旨！”天蓬元帅叩头领旨，起身出殿，醉眼迷离，还是晕晕乎乎的。土地神急忙上前，催促说：“天蓬老爷，不知何时动身，小神听个准信儿，好去恭迎圣驾呀！”天蓬元帅晃了晃脑袋说：“土地老儿，你先行一步，我这就动身！这就动身啊！”土地神一听，乐颠乐颠地走了。天蓬元帅来到天水池畔，刚要提闸放水，一阵银铃般的笑声随风传来。他抬起醉眼往南一看，见一群仙女正簇拥着嫦娥仙子飘然而至。天蓬元帅生来就有个爱看俊媳妇的毛病，见了嫦娥两眼直勾勾地盯住，犹如木雕泥塑的一般。他这呆头呆脑的样子反把嫦娥仙子给逗乐了。嫦娥仙子这一笑不要紧，把个天蓬元帅的魂儿都勾走了。他误以为嫦娥垂青于自己，赶忙提起水闸放出天池水，扭身朝嫦娥追去，边追边喊：“嫦娥慢走！嫦娥你等等我……”

嫦娥画像

嫦娥前面走，天蓬后面追，一直追进了广寒宫。在宫内，天蓬元帅呆里呆气，对嫦娥还是纠缠不休。嫦娥娇嗔地说：“呆子！你光顾胡闹，你那天池还管不管了？”“哎呀！”天蓬元帅经嫦娥提醒，这才想起天池水闸，吓得他酒意全消，撒腿就往回跑。到了近前他赶紧放下水闸，手打遮阳往下界一看，只见渤海湾早已变成汪洋大海。由此也才引出天蓬元帅失职被贬，变成了西天取经的猪八戒的一段故事。

朱元璋画像

山海关建关传说

山海关，高大巍峨，人们叫它“天下第一关”。它南边靠着海，北边挨着山，南北8千米。它的关城有两翼：一为南翼城、一为北翼城；还有东罗城、西罗城、宁海楼、威远城。城上有牧营、临闾、奎光、澄海等城楼，另有很多箭楼。古人说它“好像金凤展翅，恰似虎踞龙盘”。关于山海关的建关，也有着这样一个传说。

据说在600多年前，朱元璋做了大明朝皇帝，他下了一道旨，派元帅徐达和军师刘伯温到京城以北边塞之地围城设防，两年之内，必须完成。徐达、刘伯温二人领了旨，带着人马，即日起程，很快就到了边塞。第二天，两人骑马登高瞭望，寻找筑城的地方。要讲筑城，徐达是外行，他只会领兵征战，冲锋陷阵，围城设防却不如刘伯温。刘伯温上知天文，下知地理，学问大了。徐达站在高处一看，连说：“好地方，好战场！”刘伯温却一声不响。第三天，他们二人骑马又到此处，徐达又连声说：“好地方，难得的好地方啊！”刘伯温还是一声不吭。徐达见状不解，忙问：“军师啊，你我二人领旨来此围城设防，一连三日，你一言不发，到底为

雄伟的山海关

何？”刘伯温用马鞭指了指前方说：“元帅，你看，北边燕山连绵，南边渤海漫天，在此筑起雄关，真可谓一夫当关、万夫莫开啊！”徐达素知军师谋略高，就问：“你想修个什么样的？”刘伯温说：“这座城要比别的地方的城都要大要高，要城连城、城套城、楼对楼、楼望楼，筑一座铁壁金城。”徐达连连叫好，当日回营，二人连夜画图，第二天派人送往京城，朝廷准奏后立刻动工，整整干了一年零八个月，关城竣工。

刘伯温画像

这天早朝，朱元璋一看徐达、刘伯温回来了，就问：“二位爱卿回京，城池可筑成？”二人出班奏道：“托圣上洪福，城池已经筑成。”朱元璋连连点头：“可曾命名？”徐达、刘伯温二人一听，都愣住了：“当时降旨，只叫筑城，未让命名呀！”徐达心直，刚一张嘴，只见刘伯温跨前一步说：“臣等未敢妄动。只是那座城，南入海北依山，真可谓山海之关，万岁圣明，请恩示吧！”朱元璋一听，把手一摆说：“好，就叫山海关吧！”

早朝回来，刘伯温随徐达进了徐府，对徐达说：“我不能再在朝为官了，我得走了。”徐达忙问：“干啥去？”刘伯温说：“我本是山野道人，还是去云游四海吧！”徐达不解：“你我随皇上南征北战，平定江山，如今又修了山海关城，可谓劳苦功高，本该享荣华富

天下第一关——山海关

贵，这么走了，皇上知道是不会准的。”刘伯温笑了笑：“差矣！万岁如让咱共享荣华，就不会派咱俩边塞筑关城，也不会只给两年期限。你我若不接旨，性命难保；接旨若不按期完工，又犯欺君之罪；若筑成私下命名，则目无皇上；而今未敢命名，也属办事不周，这只是刚刚开始呀！”徐达大惑：“军师，你是说……”刘伯温手一挥说出：“兔死狗烹，鸟尽弓藏。帝与臣，可与共患难不可与共安乐的例子还少吗？”一席话，说得徐达目瞪口呆，半天才说：“军师，你一走了之，我怎么办？”刘伯温说：“你不能走，你要随朝伴驾，无论何时，不要离开万岁左右；赶你，你也不要离开。另外，你的孩子不能留在京城，让他们到山海关那个地方去吧。那里城高池深，不受刀兵之苦，即使烽火连天，此处进有平川，退有高山，是用武之地。”徐达说：“就照军师的话办。明天，叫小儿去山海关。”正说着，闯进一员大将，姓胡名大海。他在门外听到了徐、刘二人谈话，进屋就嚷：“元帅，我与你出生入死，驰骋疆场，如今公子要去山海关，我也打发一个孩子随他同行吧！”话没落音，大将常遇春又来了。刘伯温素知眼前这三位是生死之交，就把事情原委告诉了他们。常遇春也坚持打发一个孩子同去山海关。

不久，刘伯温不辞而别，徐达按刘伯温所言，寸步不离皇上，方保性命。而胡大海、常遇春等开国元勋，竟都糊里糊涂地死在庆功楼火海之中。再说徐达、胡大海、常遇春三人的儿子到了山海关，定居安家。后来，这三家的后代，在山海关城里修了徐达庙，城东北修了胡家坟，城西南修了常家坟，都立了石人石马石牌坊。

老龙头的历史传说

长江有源头，黄河有起点，明代万里长城的头，就在山海关的南海上，名叫“老龙头”。相传，过去在老龙头脚下，一个挨着一个，扣着无数的大铁锅。

老龙头是蓟镇总兵戚继光奉旨修筑的。它入海七丈，造起来实在太难了。一万五千军工，单等海水落潮，才能抢上去修一回。可是大海无情，潮涨潮落，城墙修不上半米高，潮水一冲，砖头石块，又七零八落，修一次，垮一回，不知修了多少天，只弄得无数生命葬身海底，戚大人也一筹莫展了。

明王朝，忠良少，奸臣多，万历皇上是个十足的昏君，奸党说：戚继光修三十二关、设三千敌台、铸五千斤一尊的铁炮是劳民伤财。皇上听信奸党谗言，派太监做钦差到蓟州监军。这位公公来到蓟州，才知道戚继光正在山海关南海上修“老龙头”，立刻马不停蹄，直奔山海关。

全城的乡绅耆老拜见钦差大人说：“敌兵常从海上越境，老龙头千万不能半途而废。”钦差大人说：“圣旨期限三天，金口玉言，谁也改不了。”戚继光怒气难消，知道限期三天是假，想借口定罪是真；个人如何都无所谓，可这三千敌台，就差老龙头一桩心事未了。想想国家安危，百姓的生命财产……戚大人心中闷闷不乐。此时忽然门帘一挑，一个打鱼老汉进了屋。这老汉是跟随戚大人的一名伙头军。只见老汉把秫米饭、咸带鱼摆上八仙桌，说了声：“大人不必烦恼，待用完饭后，我再回禀，或许对修老龙头有用处。”

依照老汉所说，第二天，传令全军，在退了潮的海滩上搭锅造饭。只见七里海滩，炊烟四起，火光一片。一顿饭工夫，忽然丈高巨浪，铺天覆地涌上岸来。众军士一看，丢锅弃碗，逃得无影无踪。

大潮过去了，海上恢复了平静。戚大人察看城基，竟依然立在原地，心中甚觉奇怪。这时，老汉走过来，指着周围沙滩上一个挨一个的圆东西让戚大人看，原来是铁锅扣在沙滩上。老汉说：“这锅扣在沙滩上，任凭风吹浪打，不移不动！”

老龙头工程按期完成，但戚继光仍被朝廷明升暗降，调往广东去了。

山海关老龙头碑

山海关老龙头一景

葫芦岛的由来

辽西明珠葫芦岛，风景秀丽，山水如画。关于葫芦岛的由来，还有这样一个美丽的传说。

相传，早些年葫芦岛这儿没有半岛，在这老龙湾的北岸，有个小渔村，叫玉皇阁，这里有个渔霸，养着家奴打手，非常凶恶蛮横。玉皇阁于姓渔民中有个小伙子叫于浪，驾船使网，非常能干。

一天，于浪打鱼刚收网，见一只海鸥趔趔趄趄地从天上栽下来，掉在了船头。他把海鸥带回家，顿顿给它吃鲜鱼，只几天工夫，这海鸥就好了且飞走了。过了些日子，于浪出去打鱼。收网时，忽然，这只海鸥冲他飞来,落在于浪手上，“呜呜”地叫了两声，吐出葫芦籽便飞走了。

第二年春天，于浪把这颗葫芦籽儿种上了。种下籽儿的第二天，小芽儿就冒出来了，墩实实；第

葫芦岛之兴城海滨

三天叶儿就放出来了，毛茸茸，嫩生生的；第四天，就开了花儿，奶白奶白的，香气扑鼻。“哎呀，于浪种了一棵宝葫芦！”一时间，一传俩，俩传仨，传到了渔霸耳朵里。渔霸带着打手呼啦啦地来到于浪家，于浪明白这个狠心的渔霸，定是惦记上了这棵宝葫芦。幸亏，宝葫芦还没长成，不然就被他抢着摘去了。怎么办呢？想法子拖拖吧。就说：“葫芦这东西要长成才可以摘。”

渔霸有点等不及，可葫芦不长成还真不能摘。“哼，告诉你，从今天起，这个葫芦就是我的了，你要把葫芦弄死或弄没，我要你的命！”渔霸说完，如狼似虎地走了。渔霸回家以后，就派了打手天天跑到于家，一是查看这葫芦长成什么样儿了，二是盯紧于浪，防备他逃跑。可宝葫芦快要长成的那两天，这个打手闹肚子，于浪便趁机带着宝葫芦逃了出来。匆忙中，他忘记带干粮和水，两天后饿得头昏眼花。于浪拿出宝葫芦说：“宝葫芦，宝葫芦，为了保护你，我逃了出来。如今又渴又饿，你要有灵，就给我来一桌酒菜救救急吧。”说着，他把宝葫芦锯了个口儿往外倒。果真，酒啊，肉呀，饭呀，一碗接一碗，直到他吃饱了才作罢。

第四天早上，海面上忽然出现了十艘大船，把于浪团团围住了。于浪一看渔霸正比划着朝他这儿指，怎么办呢？逃吧，人家的船大；拼吧，打不过人家。于浪想：“渔霸无非是为了宝葫芦而来。我带着宝葫芦迎上去，见机行事。”

见于浪自己驾船把宝葫芦送回来了，渔霸哈哈大笑：“还算你小子识时务，不然，本老爷把你碎尸万段。”这个宝葫芦一到渔霸的手里，就往大里长，只一盏茶工夫，葫芦就大得像座山。渔霸忙喊于浪，但于浪一纵身跳进了大海，游远了。那宝葫芦呢，一下子压沉了船。可葫芦还在长，直长到了岸边，和玉皇阁接上头了这才作罢。从此，老龙湾以东，玉皇阁以南，就长出了一个葫芦状的半岛，人们叫它葫芦岛。

八仙过海

八仙过海是民间最脍炙人口的故事之一，最早见于杂剧《争玉板八仙过海》。相传白云仙长有一回于蓬莱仙岛牡丹盛开时，邀请八仙及五圣共襄盛举，回程时铁拐李提议乘兴到海上一游，就有了后来的“八仙过海，各显神通”或“八仙过海，各凭本事”。那么，让我们一起想象一下当时的情景，回味一下八仙过海的美丽传说吧。

这天，八仙兴高采烈地来到蓬莱阁聚会饮酒。酒至酣时，铁拐李意犹未尽，对众仙说：“都说蓬莱、方丈、瀛洲三神山景致秀丽，我等何不去游玩、观赏?”众仙激情四溢，齐声附和。吕洞宾说：“我等既为仙人，今番渡海不得乘舟，只凭个人道法，意下如何?”众仙听了，欣然赞同，一齐弃座而去。

八位仙人聚到海边，个个亮出了自己的法宝。逍遥闲散的汉钟离，把手中的芭蕉扇甩开扔到大海里，那扇子大如蒲席，他醉眼惺忪地跳到迎波踏浪的扇子上，优哉游哉地向大海深处漂去。清婉动人的何仙姑步其后尘，将荷花往海里一放，顿时红光四射，花像磨盘，仙姑亭亭玉立于荷花中间，风姿迷人。吟诗行侠的吕洞宾、倒骑毛驴的张果老、隐迹修道的曹国舅、振靴踏歌的蓝采和、巧夺造化的韩湘子、借尸还魂的铁拐李也纷纷将宝物扔入海中。瞬间，八位仙人各显神通，逞雄镇海，悠然地遨游在万顷碧波之中。

八仙遨海，顿时海面如翻江倒海，震动了东海龙王的宫殿。东海龙王急派虾兵蟹将出海查巡，方知是八仙各显其能兴海所为。东海龙王恼羞成怒，率兵出来干涉。八仙据理力争，与之抗辩，东海龙王下令虾兵蟹将擒拿蓝采和。蓝采和不甘示弱，与之争斗，终因寡不敌众，被抓住关进龙宫。众仙见状大怒，个个奋勇上前厮杀，在海里展开一场恶战。众仙连斩东海龙王两个龙子，吓得虾兵蟹将魂飞魄散，纷纷败下阵去。

八仙过海口

东海龙王怒不可遏，急忙请来南海、北海、西海龙王，不制服众仙誓不罢休。于是，四海龙王推动三江五湖四海之水掀起惊天巨浪，杀气腾腾地直奔众仙而来。一触即发之际，忽见金光闪烁，浊浪中闪出一条路来。原来曹国舅具有避水神力，他怀抱云板在前开路，众仙在后紧紧跟随，任凭巨浪排山倒海，却奈何不了他们。四海龙王见此情景，十分恼火，又调动了四海兵将准备再战。恰巧南海观音从此处经过，便出面制止，东海龙王放出蓝采和。八仙拜别观音，各持宝物，乘风破浪，遨游而去……

孟姜女哭长城

孟姜女雕像

秦朝时候，有个善良美丽的女子，名叫孟姜女。这一天，孟姜女做完针线活，到后花园去散心。园中荷花盛开，池水如碧，忽然一对大蝴蝶落在池边的荷叶上，吸引了她的视线，她便轻手轻脚地走过去，用扇一扑，不想用力过猛，扇子一下掉在水中。孟姜女很是气恼，便挽起衣袖，探手去捞，忽听背后有动静，急忙回头一看，原来是一位年轻公子立在树下，满面风尘，精神疲惫。孟姜女急忙找来父母。孟老汉对年轻人私进后花园非常生气，问道："你是什么人，怎么敢私进我的后花园？"年轻人急忙连连请罪，诉说了原委。

原来这个年轻人名叫范喜良，本姑苏人氏，自幼读书，满腹文章。不想秦始皇修筑长城，到处抓壮丁，三丁抽一，五丁抽二，黎民百姓怨声载道。范喜良急忙乔装改扮逃了出来，刚才是因路途劳累，故到园中歇息，不想惊动了孟姜女，边说边连连赔罪。

孟姜女庙　　望夫石

孟姜女见范喜良知书达礼，忠厚老实，便芳心暗许。孟老汉对范喜良也很同情，便留他住了下来。一日，孟姜女向爹爹言明心意，孟老汉非常赞成，便对范喜良道："你现在到处流浪，居无定处，我招你为婿，你意下如何？"范喜良急忙离座辞道："我乃逃亡之人，只怕日后连累小姐，婚姻之事万不敢想。"无奈孟姜女心意已决，非喜良不嫁，最后范喜良终于答应。孟老汉乐得嘴都合不上了，商议挑选吉日，给他们完婚。

成亲那天，孟家张灯结彩，宾客满堂，一派喜气洋洋的景象。眼看天快黑了，喝喜酒的人也都渐渐散了，新郎新娘正要入洞房，忽然一阵鸡飞狗叫，随后闯进来一队恶狠狠的官兵，不容分说，用铁链一锁，硬把范喜良抓到长城去做苦工，好端端的喜事变成了一场空。自此孟姜女日夜思君，茶不思，饭不想，忧伤不已。转眼冬天来了，大雪纷纷，孟姜女想丈夫修长城，天寒地冻，无衣御寒，便日夜赶着缝制棉衣，边做边唱起了自编的小曲："月儿弯弯分外明，孟姜女丈夫筑长城，哪怕万里迢迢路，送御寒衣是浓情。"做好棉衣，孟姜女千里迢迢，踏上寻夫之路。一路上跋山涉水、风餐露宿，不知饥渴，不知劳累，终于，凭着顽强的毅力，凭着对丈夫深深的爱，这一日终于来到了长城脚下。

可长城脚下民夫数以万计，到哪里去找啊？她逢人便打听，好心的民夫告诉她，范喜良早就劳累致死，被埋在长城里。孟姜女一听，心如刀绞，便求好心的民工引路来到了范喜良被埋葬的长城下。坐在长城下，孟姜女悲愤交加，想自己千里寻夫送寒衣，历尽千难万险，到头来连丈夫的尸骨都找不到，真是痛断心肠。愈想愈悲，便向着长城昼夜痛哭，不饮不食，如啼血杜鹃、望月子规。这一哭感天动地，白云为之停步，百鸟为之噤声。孟姜女哭了三天三夜，忽听轰隆隆一阵山响，一时间地动山摇、飞沙走石，长城崩倒了八百里，这才露出范喜良的尸骨。

长城倾倒八百里，惊动了官兵，官兵上报秦始皇。秦始皇大怒，下令把孟姜女抓来。等孟姜女押到，秦始皇一见她生得貌美，便欲纳她为正宫娘娘。孟姜女说："要我做你的娘娘，得先依我三件事：一要造长桥一座，十里长，十里阔；二要十里方山造坟墩；三要万岁披麻戴孝到我丈夫坟前亲自祭奠。"秦始皇想了想便答应了。不几日，长桥坟墩全都造好，秦始皇身穿麻衣，排驾起行，过长城上长桥，过了长桥来到坟前祭奠。祭毕，秦始皇便要孟姜女随他回宫。孟姜女冷笑一声道："你昏庸残暴，害尽天下黎民，如今又害死我夫，我岂能做你的娘娘，休要妄想！"说完她便怀抱丈夫遗骨，跳入了波涛汹涌的大海。一时间，浪潮滚滚，排空击岸，好像在为孟姜女悲叹。

每一则故事都寄托着渤海渔民的美好情思，每一个传说都洋溢着渤海渔民对真善美的不懈追求。逝去的先人将这些宝贵的精神财富传到了我们的手中，传承下来的更是一种精神、一种信仰、一种美好的期望。勤劳勇敢的少年，美丽痴情的女子，知恩图报的动物，普救众生的神仙，都在这渤海传说里凝固成了不朽的雕像。

孟姜女出世碑

"渤海花"——渤海的"艺术之花"

水墨丹青中描绘出了海洋浩渺的烟波，悠远动人的旋律中讲述了海洋最深沉的情思。多少画家临风而立，面对这一片蔚蓝，用画笔勾勒出不朽的神情；又有多少声音尽情倾吐，咏唱着对这片海域永久的眷恋。一朵朵艺术之花在渤海的万丈碧波里绚丽绽放，散发出迷人的清香，展现着优雅的色泽。让我们泛舟渤海，信手采撷，一一观赏，细细品味……

风从渤海来——《海上三山图》

神话传说中的蓬莱三山，那云雾缭绕、海浪拍岸、层峦叠嶂的奇伟景观被袁江挥舞着一生的笔墨，在画纸上激情舞动，细细勾勒，以极其传神而富于变化的手法，引领着我们到了仙山妙境，去品味那云雾缭绕的海之韵味。

《海上三山图》是清代著名画家袁江晚年的作品。作为清代著名画家，袁江以善于描绘山水、楼阁而著称。他曾在雍正时被召入宫廷，并封为祗侯。从这幅《海上三山图》中，我们便可见得其绘画的深厚功力。

这是一片犹如仙境般的山海奇景。在一片浩渺无垠的海涛中，矗立起几处奇峰，挺拔而峻峭，显得格外雄险、气势磅礴。山间云雾缭绕处，亭台楼阁悠然林立。松柏与梅林相映成趣，青鸟与海浪互歌互伴；相隔一海，奇峰只能与对岸的小岛遥遥相望，深情相视，却永远

《海上三山图》

《丹山瀛海图》

不可触及；雾气升腾于沧浪之上，所有的一切都若有若无、若隐若现，让人徘徊于梦幻与现实之间，烘托出一片世外仙境的景象，显得既有人情味，又着实虚无缥缈，唯仙风道骨的世外之人方可生存于此。

这幅《海上三山图》延续了袁江一贯的绘画风格，精湛绚丽，浑朴有致又富丽堂皇，既保有前人的作画技法，又有所创新，加强了生活气息的描绘。波涟浪涌，云雾缥缈，一派绝境仙岛。整体气势宏大，局部精微耐看。左上题“海上三山”，款署“口戌秋邗上袁江画”。据说他是跨越康熙、雍正、乾隆三朝，在楼阁山水画中最为有名的画家。这幅《海上三山图》无疑是这一美誉的有力佐证，也使我们见证了渤海的大气磅礴之势。

《丹山瀛海图》

如今的上海博物馆里，展览着山水名画《丹山瀛海图》。这是一幅描绘东海蓬瀛诸岛壮丽奇伟之景的画作。站在这幅画卷之前，我们仿佛站在这魅力山海的对面，热血沸腾地欣赏着祖国的大好河山。

洲岛环海，水际浩渺，舟樯扬帆远行。岛上山峦重叠，乔松挺立，琼阁楼宇深藏其间，岛屿之间长桥卧波。此时，一个模糊的身影悄然走入我们的视野。他骑马从桥上经过，身后的侍童挑着担子缓慢随行。在这里，羽化成仙者超脱世俗之外，琼楼玉宇深藏于山林之间，一片浩渺无垠的海水将仙境与凡世隔开。潮涨潮落，日月交辉中，一片水墨山海，一座人间仙境在我们眼前渐次展开。

画中山石多用解索皴，焦墨点苔，杂树则用夹叶、勾叶、点叶诸法。此图画法细密，景色奇丽，意境开阔。画上自题“丹山瀛海图，香光居士王叔明画”，钤白文“黄鹤山樵”。卷后有明·项元汴题记。笔墨师承董源，缜密的披麻皴屈曲律动，峰顶树木交织，极得荣茂之意，用极为细密的画法勾勒出一片意境开阔的绚丽景色。

仙山仙境

“化装扬琴”——吕剧

如今的山东一带，依旧盛行着吕剧这一距今已有100年历史的传统戏剧。吕剧是山东省地方戏曲剧种之一，曾名“化装扬琴”、“琴戏”。主要乐器是坠琴、扬琴、三弦、琵琶，也被称为“吕剧四大件”。吕剧是由民间说唱艺术“山东琴书”（坐腔扬琴）发展演变而来的，起源于山东北部的黄河三角洲，流行于山东和江苏、安徽的部分地区。最初的吕剧班子大都走乡串村，演出于田间地头，影响不大。1910年前后搬上舞台，1953年戏曲改革中由山东省戏改组定名吕剧，同年山东省吕剧院成立。之后，吕剧成为遍及山东、享誉全国的剧种。每逢农闲节日，当地群众三五搭档，就地拉摊演唱琴书者随处可见，真可谓“村村听扬琴、妇孺皆会唱”。

吕剧音乐是在从民间俗曲演变而来的“坐腔扬琴”的基础上逐渐发展而成。“坐腔扬琴”最为突出的特点是既属于“戏曲”又属于“曲艺”。其唱腔以板腔体为主，兼唱曲牌。曲调简单朴实，优美动听，灵活顺口，易学易唱。吕剧的演唱方法，男、女腔均用真声为主，个别高音之处则采用真、假声结合的方式处理，听起来自然流畅。吕剧的唱腔讲究以字设腔，以情带声，吐字清晰，口语自然。润腔时常用滑音、颤音、装饰音，与主要伴奏乐器坠琴的柔音、颤音、打音、泛音相结合，以及自然带出的过渡音、装饰音浑然一体，使整个唱腔优美顺畅。

在过去那个人们的精神生活比较单调的时代，吕剧曾为褒扬真善美、鞭挞假恶丑作出过不小的贡献，很多经典曲目如《借年》、《中秋之夜》、《李二嫂改嫁》等就体现了这样的主旨。

《借年》是一部1957年上映的黑白戏曲片。这部戏曲电影讲的是，大雪纷飞的年除夕，家境贫穷的书生王汉喜奉母命到岳父家借年的故事。自始至终，王汉喜都处于矛盾尴尬中。

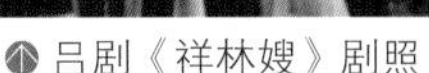
吕剧《祥林嫂》剧照

吕剧《借年》剧照

先是在岳父家大门口徘徊，后在院子里踯躅。可喜的是未婚妻爱姐及其嫂子，对深夜到来的王汉喜热情有加。经过一番戏剧性的波折，在好心嫂子的帮助下，这对有情人终成眷属。统观全剧，只有三个人物出场，即使算上剧中台词里提到的哥哥、母亲、父亲，一共也就六个人而已，可观众却丝毫不感到单调枯燥。相反，随着情节的丝丝入扣，伴着山东地方特有的吕剧唱腔，不知不觉中受到了真善美的教育和艺术熏陶。当年《借年》的上映引起了吕剧爱好者的争相传唱，剧中那让人耳熟能详的优美唱段“大雪飘飘，年除夕，奉母命，到俺岳父家里借年去……”引起多少人的情感共鸣，就连借着灯光忙针线的村妇口中，也常会吟出那“借灯光，我赶忙，飞针走线，做一双新鞋儿，好给他穿……”那个时代的山东人，几乎人人都能哼上几句吕剧，那程度不亚于今天哼唱流行歌曲。

由于吕剧的题材多表现普通人的日常生活，加之唱腔多以下行腔为主，委婉缠绵，长于抒情，特别擅长表现女性的内心世界，所以无论专业剧团还是业余剧组，无论传统剧目还是现代题材，女性永远是吕剧的忠实观众。因此，在山东农村，吕剧又有一个不雅的绰号——“拴老婆的橛子”。随着剧情的发展，那熟悉的剧中人物，那亲切的山东方言，那或如泣如诉、或欢快流畅的唱腔，无不令观众时而鼓掌，时而抹泪，真的是如痴如醉。逢年过节，县里的专业剧团下乡演出，一个场地不演上个十天半月，休想撤台走人，周围十里八村，男女老少，不管是大雪飘飘还是寒风刺骨，都止不住看戏的热情。吕剧的旋律随着飞扬的雪花，融落在人们心里，也融落在人们对真善美的憧憬和期盼里。

海风吹来了画卷上的悠悠墨香，海鸟带来了远方劳动者的第一声欢唱，过往会随着时间而流逝，唯有艺术能让一切美景定格，让一切故事停留，在人们的记忆里凝固成不朽的传说。工笔勾勒的不仅是渤海的山水楼台，亦是作者胸中的万里河山，大气自然。唱腔吟唱的不仅是渔家的曲折故事，更是生活的千番滋味万种情感。在悠悠渤海的浇灌之下，渤海的艺术之花定会更加灿烂绽放。

海唱风吟——文学作品中的渤海海洋文化

古老的华夏民族，在远古神话中就已经展开了对海洋的好奇和追问。从前秦古籍里的美丽传说，到汉唐风采里的海洋情怀、宋元魅力中的沧浪之音，再到盛世安康里的海之颂歌，渤海的蔚蓝都在其中留下了一抹美丽的色彩。海唱风吟，唱的是海纳百川，吟的是济世情怀。在一本本古籍、一首首诗歌、一篇篇散文中追寻渤海海洋文化的印记，品味那历久弥新的幽幽墨香……

先民对大海深处的思索和认识，从远古时期就已开始。春秋战国时期，著名道家思想家列子著书《列子》，录有《天瑞》、《仲尼》、《汤问》、《杨朱》、《说符》、《黄帝》、《周穆王》、《力命》等八篇，其内容多为民间故事、寓言和神话传说。从思想内容和语言使用上来看，也有人认为可能是晋人所作，为东晋人搜集古代的有关资料编成的，张湛注释并作序。该书题材广泛，有些颇富教育意义。《列子·汤问》为其中名篇。在其中仔细品读，不难发现先人对海洋的探索和认知。

殷汤曾问夏革："四海的外面有什么呢？"夏革回答："像四海之内一样。"殷汤追问道："你用什么来证明呢？"夏革回答："我向东去到过营州，见那里的人民像这里的一样。我问营州以东的情况，他们说也像营州一样。我朝西行走到豳州，见那里的人民像这里的一样。我问豳州以西的情况，他们说也像豳州一样。我以此知道四海之外、西方蛮荒、四方大地极边都没有什么差别。所以事物大小互相包含，没

《列子》画像

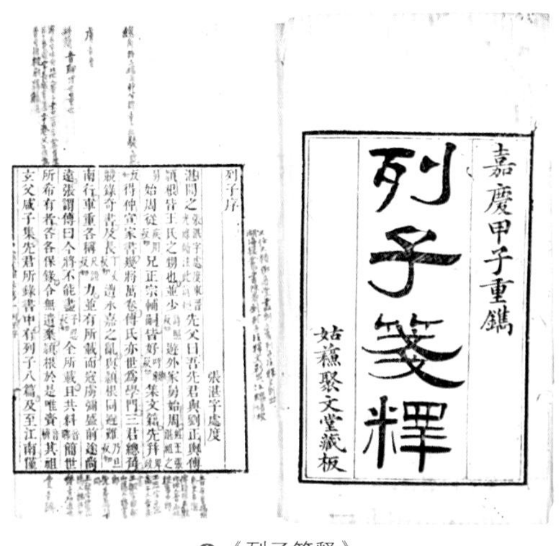
嘉慶甲子重鐫
列子箋釋
姑蘇聚文堂藏板

《列子笺释》

有穷尽和极限。包含万物的天地，如同包含天地的宇宙一样；包含万物因此不穷不尽，包含天地因此无极无限。我又怎么知道天地之外没有比天地更大的东西存在呢？这也是我所不知道的。但是天地也是事物，事物总有不足，所以从前女娲氏烧炼五色石来修补天地的残缺；斩断大龟之足来支撑四极。后来共工氏与颛顼争帝，一怒之下，撞着不周山，折断了支撑天空的大柱，折断了维系大地的绳子；结果天穹倾斜向西北方，日月星辰在那里就位；大地向东南方下沉，百川积水向那里汇集。”

《山海经》中的渤海海洋文化

“吾国古籍，环伟瑰奇之最者，莫《山海经》若。《山海经》匪特史地之权舆，亦乃神话之渊府。”袁珂曾在《山海经校注》中用“环伟瑰奇之最者”一词来称赞《山海经》一书。《山海经》算得上是我国古代典籍中的一部奇书，其内容多荒诞离奇，形式也简短零散，却是我国历史上最早的一部关于山川海洋的著作，被人们奉为中国海洋文学的历史源头和中国海洋小说之祖先。《山海经》中“海经”部分记载的奇异之事数不胜数，关于渤海的记载也可以在这部作品中寻得踪影，诸如“蓬莱山在海中”、“大人之市在海中”。

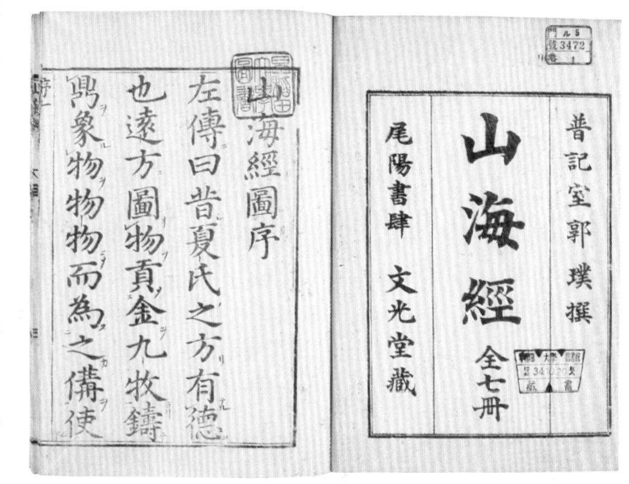
晋記室郭璞撰
山海經
全七冊
尾陽書肆 文光堂藏

山海經圖序
左傳曰昔夏氏之方有德
也遠方圖物貢金九牧鑄
鼎象物物物而為之備使

《山海经》

《山海经》大概成书于战国到汉初这一时期，其内容涉及我国古代地理、神话、物产、巫术、宗教、民俗、医药等诸多方面。书中收录的中国早期关于山川海洋的大量神话传说弥足珍贵，像夸父逐日、大禹治水、精卫填海等神话传说早已家喻户晓，童叟皆知。

白居易《海漫漫》

秦皇汉武开创一代霸业，为了延续自己的万古江山，都曾遣人去那烟波浩渺的海上寻仙问药，以求得长生不老，渤海里的蓬莱仙山便成为他们的第一选择。当年的诗仙李太白听说海上的蓬莱仙山可使人抛弃世俗杂念并能够长生不老，不禁也要弃世求仙，去之无还。当我们读到白居易的《海漫漫》时，也会想起海上仙山的神话传说。其实，这是一首批判历代帝王沉浸于道士方术的讽喻诗，也是中国古代海洋文学中利用海上仙山为母题进行文学创作的一个典范。

白居易雕像

白居易故居

《海漫漫》

海漫漫，直下无底旁无边。云涛烟海最深处，人传中有三神山。山上多生不死药，服之羽化为天仙。秦皇汉武信此语，方士年年采药去。蓬莱今古但闻名，烟水茫茫无觅处。海漫漫，风浩浩，眼穿不见蓬莱岛。不见蓬莱不敢归，童男丱女舟中老。徐福文成多诳诞，上元太一虚祈祷。君看骊山顶上茂陵头，毕竟悲风吹蔓草。何况玄元圣祖五千言；不言药，不言仙，不言白日升青天。

——白居易

白居易为人乐天知命，在生活中体悟出了“人生不满百”是因为“不得长欢乐”的缘故。他认为，生命的延长在于现实中不贪恋富贵名利，保持乐观豁达的心态，而不是如秦皇汉武一般劳民伤财去仙山寻找所谓的长生不老的灵丹妙药，白居易也借这首诗讽喻了唐朝的统治者。

苏轼《登州海市》

一生文名显赫，极尽荣耀，仕途却变幻如潮水，浮沉起落。少年得志，本欲壮志报国，却宦海起伏不定。苏轼的一生，潮来潮去，恰如那渤海不断起伏的波浪。某次职位变动，苏轼被任命为登州（今山东蓬莱）知州，早就听说登州的海市闻名天下，苏轼本想自己能够在此一睹海市真貌，然而在登州上任仅仅五天，他就被朝廷召回了京城，因此与海市无缘，甚是遗憾，但他的《登州海市》一诗却流传千古。虽然诗人并没有真正目睹海市的奇异，却用自己丰富的想象力描绘了海市的玄妙，令人回味无穷，成为描写登州海市的名作。

苏轼雕像

《登州海市》

苏轼

东方云海空复空，群仙出没空明中。
荡摇浮世生万象，岂有贝阙藏珠宫。
心知所见皆幻影，敢以耳目烦神工。
岁寒水冷天地闭，为我起蛰鞭鱼龙。
重楼翠阜出霜晓，异事惊倒百岁翁。
人间所得容力取，世外无物谁为雄。
率然有请不我拒，信我人厄非天穷。
潮阳太守南迁归，喜见石廪堆祝融。
自言正直动山鬼，岂知造物哀龙钟。
伸眉一笑岂易得，神之报汝亦已丰。
斜阳万里孤鸟没，但见碧海磨青铜。
新诗绮语亦安用，相与变灭随东风。

杨朔《蓬莱仙境》

蓬莱素有人间仙境之称，是中国著名的海滨风景旅游城市和历史文化名城，文化积淀深厚，文物古迹众多，有驰名中外的中国古代四大名楼之一——蓬莱阁，有迄今保存最完整的中国古代水军基地——蓬莱水城，“海市蜃楼”奇观和“八仙过海”美传更使蓬莱享誉海内外。古往今来，蓬莱的美景不知让多少文人墨客在此流连忘返，对着这秀丽河山抒发着内心的情感；杨朔的一篇《蓬莱仙境》更是抒发了自己对家乡的热爱之情，让我们对这个美丽的人间仙境更加印象深刻。

出生于1913年的杨朔，是个不折不扣的山东蓬莱人，其作品的基调就是歌颂新时代、新生活和劳动人民，他对家乡蓬莱更是有着十分深厚的感情。只是生逢乱世，杨朔长年在外，没能回家乡看一看，对故土的思念之情只能埋藏在心底。直到1959年杨朔才于百忙中抽暇，回到了一别20余年的故乡蓬莱，应邀在蓬莱阁上为家乡文化界人士讲学。此后，他又写下了描写家乡胜景的《蓬莱仙境》，字里行间洋溢着他对故乡山水、故乡人民的眷恋、热爱之情。

杨朔

回望苍茫岁月，三言两语的诗句中倾吐着诗人胸中的情怀与抱负，寥寥数笔的描写中寄托着对家乡的思念与热爱，你来我往的对话里记载着对宇宙和海洋最初的追问。文字用他那独特的魅力，唤醒着华夏儿女心中蛰伏的对海洋那真挚的情意和赞颂。如今的渤海，依旧用她那卓越的风姿吸引着世人，依旧在文学的图景中构建着一片蓝色的图景。

杨朔《蓬莱仙境》节选

“而今天，在这个温暖的黄昏里，我和老姐姐经过二十多年的乱离阔别，又能欢欢喜喜聚在一起，难道是容易的么？婀娜姐姐死而有知，也会羡慕老姐姐的生活命运的。

那小外甥女吃完饭，借着天黑前的一点暗亮，又去埋着头绣花。我一时觉得，故乡的人民在不同的劳动建设中，仿佛正在抽针引线，共同绣着一幅五色彩画。不对。其实是全中国人民正用祖国的大地当素绢，精心密意，共同绣着一幅伟大的杰作。绣的内容不是别的，正是人民千百年梦想着的蓬莱仙境。”

雅俗共赏的渤海文化

伴随着渤海的低声呢喃，和着海风的欢快旋律，渤海渔民们在这片海域上辛勤劳作，尽情创造。他们在日常生活中寻找独特的素材，从山川日月中汲取舞动的灵感。墨香、音符、画卷在渤海文化的长河中交织，在渤海的历史深处阵阵涌动，共同讲述着山与海的传奇，演奏出一曲雅俗共赏的渤海文化歌谣。

以海命名，这是一座布满绘画与文字、音乐与传说的艺术圣殿，也是一次心旷神怡的海上泛舟。水墨丹青绘不尽的渤海风姿，高唱低吟道不完的渤海故事，心灵手巧的渤海人在这里丰富着精神的内涵，涌动着灵魂的热情。乘一叶扁舟，聆听海潮，长揽明月，闭上眼睛，与海洋进行一场对话与交谈……

“八仙”印象

八仙及其故事在民间流传已久，寄托了人们对幸福和美好世界的朴素追求。千百年来，八仙的故事已深入人心。明代出现的青花瓷上已有八仙祝寿的图案，旧时娶亲的花轿上也有八仙的造型，过春节时蒸的花糕、挂的壁画上也都有栩栩如生的八仙形象，就连日常为人们所喜爱的方桌也被叫做“八仙桌”，由此可见八仙在人们心中的地位以及影响。

吕剧《姊妹易嫁》

《姊妹易嫁》的故事先是被清代的蒲松龄载入文学名著《聊斋志异》。后来，与蒲氏同处一朝的阳湖居士张烺曾将这篇小说填词改编成一出传奇戏，名曰《错姻缘》。该戏剧讲述了素花、素梅是姊妹俩，素花自幼与牧童毛纪订婚，长大后因嫌毛纪贫穷，竟在迎娶之日，不顾旧日情义，拒绝前去完婚。素梅激于义愤，并感毛纪忠诚，愿代姐出嫁，在上轿时，她知毛纪已得中状元。此时素花羞愧难当，后悔不已。如今，《姊妹易嫁》已进入莱州市第一批县级非物质文化遗产名录。

《梦溪笔谈》中的海市

有关登州海市的最早记载，当推宋人沈括，他在《梦溪笔谈》中说：“登州海中时有云气，如宫室台观，城堞人物，车马冠盖，历历可见，谓之海市。或曰蛟蜃之气所为，疑不然也。”海市蜃楼是蓬莱自古以来特有的天象奇观，因海市蜃楼而诞生和流传下许多神话传说，衍生了独特的神仙文化。蓬莱的神仙文化，对整个山东半岛乃至齐鲁大地自古就具有巨大的辐射力，是中国神仙文化的一个重要组成部分，成为中华神仙文化的一道亮丽风景。

渤海

那些辉煌灿烂

04

夕阳斜晖，渔歌唱晚，渤海绯红，欲言又止。伫立在过往历史穿梭的古港，仿佛斗转星移，时空穿梭。刹那间，千古悠长的舟楫百舸，将一切流光碎影往事重提，尽忆东方丝绸之路。这条俊美逶迤的“丝带”，闪烁着渤海的阔气，荡漾着渤海的峥嵘，正是它的这份自信，令所有古港终生铭记。凭栏凝望，醉眼望尽天际浩渺，那一股股涌动的海水，那一朵朵泛起的浪花，渐渐勾勒出渤海最初的梦想，那梦想是触动国人心弦的蓝色之歌……

东方海上丝绸之路寻踪

涟涟银光，恰似一抹深深的微笑，道不尽历史的沧桑，话不完往昔的辉煌。湛蓝渤海，一道道承载绚烂文化的古航线，始终在那里不离不弃。它们满心绽放，一边守候着岁月的喧嚣，一边又昂首翘盼，希冀崭新的未来，它们就是渤海最闪亮的名片——东方海上丝绸之路。感恩这些灵动的“绸带”，从此渤海不再孤单。

古道溯源

夕阳低垂，晚霞铺地，金浪追逐的渤海，奏着低沉的乐章，或许它又忆起了那些千帆竞发、百舸争流的峥嵘岁月，又念起了那满是文明问候的东方海上丝绸之路了吧。驾一叶小舟，随着波涛的节奏摇曳，望着那远处已经沉睡的海面，时空穿越，似乎又回到了那梦想起航的地方……

那时正值西周初年，浩瀚的渤海海面上，一艘孤零零的小舟显得格外的渺小。在这艘小舟上，站着一位殷商贵族，他叫箕子。满心忧愁的他因殷商的没落而无家可归，于是他驾船东去，任凭海浪为他设计着未来的归宿。巧的是，这艘悲伤弥漫的小船，竟从我国山东半

岛的渤海湾一直漂到了朝鲜。就这样，箕子创造了奇迹。要知道，在他小舟下面泛起的波纹中，留下了东方海上丝绸之路的最初模样。顾名思义，东方海上丝绸之路，是一条赫赫有名的海上商业贸易航线。那么，你知道这条航线上流传的那些奇闻逸事吗？你知道它的最终模样吗？它的兴衰历史又是怎样的？现在，就让我们拨开历史的云烟去瞧一瞧吧！

要说东方海上丝绸之路的航线究竟是什么样子，那还得去春秋战国看看。当时，如今的山东大地上齐国称霸一方。在经济方面，齐国实行农工商并举的政策，并且形成了“天下之商贾归齐若流水”的壮观局面，简直就是当时的商贸中心。大致在齐桓公时期，齐国一位名叫管仲的政治家秉着“开放通商”的理想，走出国门，将齐国的生意发展到了朝鲜半岛。而伴着这一贸易活动的开展，东方海上丝绸之路悄然诞生。就让我们聚焦这一片蓝，在脑海中勾勒一番这条神奇的航线：它始于登州古港，顺势抵达庙岛群岛，也就是我们常说的登州海道；然后再越过渤海海峡，在辽东旅顺的老铁山处稍作休憩，进而转向鸭绿江口航行；最后再沿着朝鲜半岛的西海岸和东南海岸继续航行，抵达日本北九州。

↑ 管仲画像

沧桑演绎

形成于春秋战国时期的东方海上丝绸之路，真正发展于秦皇汉武时期。在那段岁月中，徐福的名字显得异常光彩流芳。公元前219年，方士徐福上书秦始皇，称海中有蓬莱、方丈、瀛洲三座仙山，那里云烟缭绕，琼浆低流，人们都鹤发童颜，长命百岁。急于求仙的秦始皇听了之后龙颜大悦，随即为徐福准备好船只和大量的生活用品。待到一切都准备就绪，这支船队浩浩荡荡地出海了。然而，一晃九年都过去了，徐福求仙的消息如石沉大海，正当大家都渐渐遗忘了此事时，徐福回来了。徐福又一次骗取了秦始皇的信任，率领三千童男童女、数百名工匠人员沿原路远行了。秦始皇或许也后悔自己的求仙贪念，也许有被徐福戏弄的感觉吧，因为此次之后徐福再也没有回来过，空留后人的好奇疑问，正似李白《古风》中所云：“徐福载秦女，楼船何时回。”在日本，学界多把徐福视为“中国丝绸的传播者和开拓东海丝路的先驱”。在他们看来，徐福是沿着这条东方海上丝绸之路抵达日本的。不管徐福踪迹何在，他的故事已然为这条水道编织了一个神秘的传奇。

徐福东渡塑像

汉武大帝雕像

秦末汉初时期，随着中朝关系的恶化，这条历经千辛万苦建立起来的黄金水道却被搁置了60多年之久，想必这沉寂了半个多世纪的古航道令渤海满是伤心。事情的起因还得从一名叫做卫满的燕人道起。当年，受尽秦末暴政的卫满揭竿而起，率领数千名百姓远渡渤海，逃到了朝鲜半岛。处在异乡国度的卫满，凭借之前的经验，在汉惠帝元年，联手当地人民一同反抗朝鲜王朝，并且最终摘得了胜利的果实，在众人的注目下登上了朝鲜的最高王位，以至于朝鲜也有了“卫氏朝鲜”的别称。自此，在东方海上丝绸之路上少了欢声笑语，没了商客踪影，这样黯淡的时期直到西汉盛期才结束。那时候，雄心壮志的汉武帝对朝鲜采取了强硬的态度，于元封元年对朝鲜发动了战争。这场战争历经三年，最终以西汉的问鼎告终。从此，东方海上丝绸之路再次被人们唤醒，商旅往来络绎不绝，璀璨的中国文化也名扬万里。在当时，活跃于朝鲜半岛的日本人也渐渐领略了大汉的国威。出于对大汉繁盛的敬仰，在东汉初年，日本统治者便派使者沿着东方海上丝绸之路入汉，朝拜天子，并请求赐名。光武帝被其诚意打动，册封日本为“倭国”，并赠予日本国王以“汉倭奴国王”金印。

到了隋唐时期，东方海上丝绸之路迎着强国盛世之光也异常繁荣起来。舟船飞梭、杆桅林立，来往的商人互赞着货物的优质，儒雅的使节互拱着双手作揖道贺，热闹非凡的航道港口如同市井一般。要问在那时，哪里最是“宝马雕车香满路”？那一定是山东半岛的港口一带了。这些港口是当时中国与朝鲜、日本贸易往来和文化交流的重要之地。尤其是登州古港，很是繁华。据说那时候的日本僧人自登州港到达华夏大地时，只前往开元寺就寝，以至于寺庙人数暴增，好多僧人都无法觅得归宿。此外，在当时的山东半岛，几乎所有的沿海区域均有新罗侨民的身影，数以万计的新罗侨民在此定居劳作。日复一日，在山东半岛的州县府城中，渐渐形成了新罗侨民的生活小区“新罗坊”，以及依附于佛教寺院的生活聚集场所“新罗院”。说到隋唐时期的文化往来，人们自然会想到“遣隋使”和“遣唐使”。这些身份别样的人群，为两国的和睦关系奉献了自己宝贵的才华。你知道吗？仅在隋唐时期，通过东方海上丝绸之路于登州中转抵达中国的日本“遣隋使”和“遣唐使”就多达11批，高丽、新罗等国的使团更是司空见惯，共计79批。这些使节，在保留自己本国的生活习性和宗教信仰的同时，也不断地吸收华夏九州的纷呈文化。他们有的一待就是数年，对中国文化几乎了如指掌。如韩国使节崔致远，就曾在中国待了16年之久，归国后被后人敬称为“汉文学的开山鼻祖”、“东国儒宗”。

时光荏苒，宋元时期的海上丝绸之路依旧延续着过往的小资情调，依旧扮演着互通有无的航道密使。在这条波光滟滟的渤海动脉中，各式各样的船只争先恐后地摇曳着船桨，生怕错过每一场喧闹乐景。在这些来来往往的似乎永远都不知疲倦的大家伙里，到底都装载了什么宝贝？如果不出意外，定是少不了一些细滑丝绸、精致布匹。

明代时期，中朝关系仍旧亲密无间，中方买马，朝方换布，而这些和谐贸易都是由山东半岛

海战图

古船

出发沿着这一黄金水道演绎而成的。当时，朝鲜政权尊奉明朝为天朝上国，于是便臣服于明，确立了君臣关系。洪武年间，朱元璋曾两度赐服朝鲜，并借这种带有浓厚儒家文化色彩的礼仪恩宠建立了和谐的中朝关系。然而，中日关系就不尽如人意了。在登州、莱州一带，倭寇侵扰时有发生，自然这条海上航道就困难重重，很难经营了。

到了清初时期，倭寇的侵扰仍未停止，盲目自信的清政府为了保卫其天朝大国的美梦，一举发布了“闭关锁国”的政令，这条东方海上丝绸之路也随之黯淡了许多。然而，顽强的古海道，自是存留着一股英气，使得这条航线并没有因此彻底中断。许多民间的山东商人仍伺机偷偷地远航国外，从事海上贸易。“闭关锁国”的政策，的确给东方海上丝绸之路带来了惨痛记忆，但是，它的伤害力远远不及那场血雨腥风的战争来得惨烈、彻底，那就是甲午中日战争。这场战争，以鲜血祭奠了这条古航道的辉煌历史，以无情的炮响淬灭了中国的天朝美梦。一个个不平等条约，轻而易举地将那些昔日热闹的港口出卖。虽然这条千年的东方海上丝绸之路并没有因此沦落，但洋人的统治总是显得那么格格不入。

好在，中华民族，总是带给其子民以希望，如今的东方海上丝绸之路已然一派商船游弋的繁华景象。喜看今朝，这条满是历史沧桑的古航道依旧风华正茂！

古港掠影

多少次，它们在疾风骤雨中昂然以待，那满心期盼的灼灼目光闪烁着一丝笃定；多少次，它们在艳阳晴空里日理万机，那马不停蹄的当当声响演奏着一卷繁华。它们，不声不响地封存着历史的记忆，一心一意地诠释着过往的华丽。伴着声声清脆的船夫号子，它们慢慢睁开了双眼，它们就是海洋公派的“邮递员”——港口。漫步渤海，怀一颗敬畏之心，悄悄踏进每一湾古港，闭上眼睛，细细品味它们的悠悠往事……

蓬莱港

“日出千杆旗，日落万盏灯”，蓬莱古港给人的记忆总是这么忙碌。自古就是天然良港的蓬莱古港，坐落于“人间仙境”蓬莱市。它东连画河，西靠丹崖山，南至紫荆山，北对庙岛群岛，负山抱海，通达南北，真不愧“中华关钥”的大气赞美。

千年古港，历经沧桑，如今风韵犹存的蓬莱港，其悠久历史真是说不尽道不完。早在春秋战国时期，这里便扬起了风帆，谱写了一篇华章。那时候，素有“海王之国”之称的

蓬莱水城全景

齐国，已经在这里通商贸易，踏出了一条外交航线。秦朝时期，传说“千古一帝”秦始皇曾多次巡幸于此。顺着时光隧道继续前进，来到盛世汉代，蓬莱港也可谓容颜焕发、生机勃勃。它一改过去的朴素，浓妆艳抹，“丝竹笙歌，商贾云集”，摇身一变成为东方海上丝绸之路的起航之地，开始向世界展示盛世中华的无限魅力。

徐福东渡雕塑群

已然一派贵气的蓬莱港，自然不愿卸下自己精心装扮的华服艳饰，而是愈发地精雕自己，使自己光辉无限、流芳百世。这不，在唐代，蓬莱港便平步青云，登上了“唐代北方第一港”的宝座。在唐中宗神龙三年时，朝廷鉴于蓬莱港日益显赫的外交作用，便将登州治所从牟平迁到了蓬莱，自此，蓬莱港便有了另外一个名字——登州港。深得朝廷厚爱的蓬莱港，“帆樯林立，笙歌达旦”，俨然

登州古港

渤海岸边的一颗“东方之珠”。繁忙的商业贸易使得蓬莱港人气爆棚，精细的船只制造中心又使得蓬莱港英气逼人。随手翻翻凝聚蓬莱往事的《登州古港史》，不难发现唐朝时期的蓬莱港在九州华夏的核心形象：“唐代，登州港同我国东南沿海的泉州、扬州、明州，并称中国的四大港。”

然而，清闲的日子还没享受多久，蓬莱港便不得不战事再起。因为北宋庆历初年，北宋政府为了防御北方契丹族的入侵，便在此建了一处水军基地，“停泊战舰，操练水师”，人称“刀鱼寨”。“刀鱼寨”的筑建者可谓用心良苦，充分利用了蓬莱港附近的天然优势，使得这处军事基地拥有了“进可以战，退可以守”的功能。就这样，蓬莱港便变身军事要塞了，一直持续到北宋熙宁七年。那年，朝廷下令将蓬莱港封港禁航。随着这一道禁令，蓬莱港渐渐萧条、沉寂、衰落。

到了元代，沉睡多年的蓬莱港再次被唤醒，它开始承担起输送粮食的重任。据史料记载，那时的蓬莱港上，舟船不断，络绎不绝，每年有二三百万石的粮食在这里转运。或许这段海运漕粮的日子是蓬莱港任务最轻松的时光，因为不久它便又一次被赋予军事港口的身份，又一次经受血雨腥风的考验。明代，倭寇不断来袭，朝廷为了抵制外患，便在元代“刀鱼寨”的基础上修葺水城，名曰“备倭城”。自此，这里佳讯不断，尤其是民族英雄戚继光的英雄事迹更是为后人津津乐道。此后，蓬莱港的辉煌历史也渐渐落下帷幕。漫漫清代，蓬莱港没有再次繁兴起来，它被“闭关锁国”的封条阻挡了前进的步伐。虽然也曾极力挣扎过，但终究敌不过那四个大字的诅咒，荒凉成了它最终的基调，正可谓“京华路渺旅装黯，驿使人稀关雾蒙”。

戚继光雕像

塘沽港

沧海桑田、水陆变迁，这些大自然的嬗变填满了塘沽港最初的记忆。因为在它成为一个四通八达的港口之前，塘沽一带汪洋恣肆、巨浪追逐，偶尔才露出一片片湿润的沼泽地。据悉“塘沽”二字传达的意思就是“靠近海边的港湾，池塘众多的地方”。

在唐代，这里仍旧是海洋的天堂。到了北宋庆历八年和南宋建炎二年，整日扯着嗓子怒吼的黄河不小心“打了个喷嚏”，惊得黄河水花四溅，河道转移变更，以至于海河的入海口和渤海湾的海岸线也发生了巨大的变化。得幸于黄河“一石水而六斗泥”的神奇的造陆功能，塘沽一带淤泥堆积久而久之终于形成了坚实的陆地。而这一喜讯的发布，已经是在元朝了。此时的塘沽虽然已经有陆地的存在，但也还是一片水网密布、芦苇丛生的滨海之地。不过，塘沽的变化是翻天覆地的，因为这里终于有了人烟，有了村落，有了文明。面对这一切，元代政府自然是予以高度的重视，随即派军驻守，并且利用其优势资源开展海上漕运。自此，塘沽港渐渐粗具规模，与蓬莱港一起成为了南粮北运的水上要塞。

明代时期，塘沽港迎来了真正的好日子。明成祖曾向这里大搞移民，鼓励百姓开发这片潜力无穷的优质荒地。终于，在明代百姓的努力下，塘沽港焕然一新，一改之前的土里土气，变身为一片文明繁华地。大沽、北塘等村庄的兴起给了塘沽一带最大的自信。然而，美好的时光总是容易稍纵即逝。在嘉靖年间，年轻的塘沽便遇到了大灾难。那时候，倭寇猖

如今繁华的天津港

獗，塘沽一带也常常遭受日本的侵扰。明政府为了抵制倭寇的入侵，便派重兵把守大沽口，修筑炮台于北塘。自此，塘沽港也开始迅速成长起来，成为一座抵御倭寇的重地。仗着其出色的地理优势和坚固的守卫设备，塘沽港赢得了“京畿门户”的美誉。

然而，塘沽港的军事才能还没挥洒尽兴时，就被迫禁海锁关了。直到康熙年间，随着海禁政策的放松，塘沽港趁机“疏松筋骨”，恢复了之前的活力，但是这样的日子也只是昙花一现，不久就又归于沉寂。无辜的塘沽港怎么也不会想到，自己接下来的日子竟要忍受异族人的摆布。道光年间，英国侵略者入侵大沽口，中华儿女与之进行了英勇的抗争，虽结果不尽如人意，但是那种大无畏的爱国精神却值得后人学习。伴随一个个不平等条约的签订，身不由己的塘沽港处在异族的控制下，被迫从事着一笔又一笔的不平等商贸。只有在深夜，月亮升起之时，悲愤的塘沽港才有空闲痛哭一场。

天津塘沽外滩风光

天津塘沽外滩风光

秦始皇画像

秦皇岛港

说起秦皇岛港，渤海北岸的其他港口一定会自惭形秽的，因为它们都不及秦皇岛港的历史久远。可以说，已有2300多年悠久历史的秦皇岛港可是渤海北岸的“元老级”港口。这位“德高望重”的古港，如今依旧风华正茂，“两京锁钥”、“畿辅咽喉”的“霸主”地位依旧名副其实。

“四海咸通”、“风帆易达”的秦皇岛港自古就是一个天然良港，在如此优势的基础上，人们只要稍加改造，其耀人光辉就会尽情地释放出来。历数秦皇岛港的辉煌岁月不难发现，它有好多名字。童年时期的秦皇岛港名字叫做“碣石港”，少年时期换名为“西堤泊岸”、“码头庄港”。那么，如今的秦皇岛港又叫什么名字呢？当然还是“秦皇岛港”了。

现在，就让我们把时光的镜头回转，转向春秋战国时期。那时候，在渤海西北部有一个小国蒸蒸日上，它就是燕国。燕昭王在位时，十分笃信海上方士所言的奇诡神仙故事，所以急于求仙的燕昭王便派人于“燕塞碣石”出海寻找仙药，而那个出海口，就是之后的碣石港。据《史记·始皇本纪》记载，公元前215年，雄才大略的秦始皇曾驾临此地，驻足远眺。当他看到这里云烟袅袅、山清水秀时，误以为自己抵达了仙山，于是文思泉涌，当即创作了《碣石门辞》，歌功颂德。据此，后人便将秦始皇巡幸的地方称作“碣石港”。之后，秦二世也曾抵达碣石港，一方面是为了怀念秦皇伟业，另一方面也是出于求仙贪念。

继燕昭王、秦始皇和秦二世之后，雄心壮志的汉武帝也曾驻足此地。与前三位不同的是，汉武帝莅临此地主要是出于治国大略。登临碣石的武帝，纵观八方，俯视海港，规划着北方海上交通线。在他的指挥下，碣石港的身价倍增，不仅吞吐量大大提升，而且还与陆上交通线相联通。四通八达的交通格局，使得渤海海域舟车贾贩，朝贡使节摩肩接踵，络绎不绝。另外，如此恢弘的交通线，又何尝不是一种战略资源呢？凭借着汉武帝的高瞻远瞩，汉军最终打败匈奴，顺利打通前往朝鲜的水陆交通。

轻吟“大雨落幽燕，白浪滔天，秦皇岛外打鱼船。一片汪洋都不见，知向谁边？往事越千年，魏武挥鞭，东临碣石有遗篇。萧瑟秋风今又是，换了人间”，毛泽东主席的这首《浪淘沙·北戴河》，不仅尽道秦皇岛的诗情画意，也道出了魏武帝曹操碣石放歌的雄壮豪迈。

曹魏时期，曹操曾登临碣石，抒发怀古幽情，留下《观沧海》的千古绝唱。另外，一代枭雄还巧借碣石港的军事资源，北征乌丸，赢得胜利。

到了唐代，在碣石港的基础上，政府修筑了西堤泊岸，使得秦皇岛港焕然一新，出现“帆樯如云”、“舳舻相接”的盛世局面。宋代时期，这里属辽国境地，落后的经济发展，再加上宋辽之间的无休止战争，使得秦皇岛港愈发的萧条、颓败。直到元代海运漕粮的兴起，这里才呈现“终元之世海运不衰”的盛况。

随着明初码头庄港的修筑，秦皇岛港迎来了它的“第二春”。这里可以是渔歌唱晚、枫桥夜渡的祥和之气，也可以是舟楫相拥、水师聚泊的回肠荡气。自此，秦皇岛港身兼数职，格外引人注目。然而，清代的“闭关锁国”政策对于每个港口来说都是致命的打击，就这样一个渔、商、军兼用的北方海港不得不收起早已习惯的锐气，不甘心地闭目养神起来。直到光绪二十四年，秦皇岛的“第三春”毫无征兆地降临。要知道在那时，秦皇岛港可是为数不多的几个由政府建港开埠的港口。随着港口的开发，秦皇岛港的价值迅速回升，为整个华北经济建设注入了新鲜血液。

秦皇岛港

来自远古的呼唤——贝丘文化

漫步在金色的沙滩上，没有人不会被那散落在上面的五彩斑斓、形态各异的贝壳所吸引和打动；它们每一个都有着自己独特的纹理和形状，每一个都有着自己独特的色泽。自古以来，人类就与贝壳结下了不解之缘，贝类不仅能提供给人们营养丰富的贝肉，其贝壳还被心灵手巧的人们用作人体装饰、生活用品和随葬品等。历史的沉淀，时光的洗涤，风雨的打磨，并未使这些贝壳消散，反而形成了一种独特的文化——贝丘文化。

人类早期文化之一

贝丘，又被称为贝丘遗址，是古人类居住遗址之一，以包含大量古代人类食剩、抛弃的贝壳为特征。据考证，贝丘中存在着蛤蜊、鲍鱼、海螺、玉螺等20余种贝类化石。五六千年以前，临海而居的古代人，最早与海洋接触，并在漫长的岁月中逐渐去认识和利用海洋，给我们留下了极其宝贵的海洋文化实证——分布于沿海及其附近岛屿的贝丘。

这样的贝丘遗址在世界各地有广泛的分布。在我国，随着考古技术的进步，越来越多的贝丘遗址进入了人们的视野。贝丘遗址的年代大多属于新石器时代、青铜时代，或延续

贝丘人制作的石磨盘和石磨棒

贝壳化石

得更晚。在这些遗址中，所见的实物十分丰富，既有各种海生动物遗骸，又有远古时期的各种生产工具。有些贝丘遗址的贝壳堆积厚度达一米有余，可见当时在此生活的人们获取肉食的主要来源是捕捞的这些贝类。这些贝丘遗址表明，中国沿海区域在人类原始时期，其海洋文化的内涵已经比较丰富。

比如说，就其物质生活的文化层面，贝丘中有牡蛎、蛤蜊等，这自然说明海产品对于古代人的重要性。就其精神生活的文化层面，在这些贝丘遗址中，不难发现一些被打磨得十分精致并且有穿孔的贝类饰品，这足以说明海洋饰品在原始人服饰、审美及信仰生活占有重要地位。

渤海畔的贝丘遗址

渤海畔的胶东半岛，这片神奇的土地气候温润，陆生资源和海洋资源都很丰富，非常适宜人类居住。距今五六千年前，人类居址已在此遍地开花，呈现空前繁荣的景象。胶东地区的贝丘遗址主要分布在离海不远的丘岗高地，如烟台白石村、牟平蛤堆顶、福山邱家庄、蓬莱南王绪、开发区大仲家、海阳蛎碴埠、莱阳泉水头等地，甚至远离大陆的庙岛群岛也有发现。

根据对这些贝丘遗址的考察研究，不难推断出当年在这里生活过的人们有着怎样的生活习性和生活方式。

1981年，考古人员在对白石村遗址的发掘中，发现的房子柱洞共计210多个。这些柱洞分布甚为密集，按其作用主要分为两类，一类是直接在地面上挖一个比柱子略粗的洞，然后埋上柱子，构架房屋，称为“直柱法”；另一类是先在地面挖一个深1米左右的椭圆形大坑，然后在大坑中间再挖一个与柱子粗细差不多的柱洞，称为“坑柱法”。坑柱式柱洞一般比较深，可以深栽更为粗大的房柱，而且这种柱洞的使用比例高达34%。这说明虽然生活在远古，但这里的人们已经摆脱了窝棚或洞穴式生活，掌握了较先进的房屋筑造技术。

白石村遗址

在贝丘遗址中，还有大量陶器出土。贝丘遗址的陶器主要是夹砂陶，还有少量的泥质陶。各式鼎主要作炊器用，罐、盆和钵主要作盛器用，还有各式各样的支脚等。贝丘遗址出土的陶器总体上看已经比较成熟，是胶东先民长期摸索后的产物。这些陶器让当时人们的生活更加丰富多彩，也揭开了他们迈向新时代的新篇章。

当时人们生活的时代虽然属于新石器时代，但采集和狩猎依然作为重要的生产方式延续了很长时间。考古人员在对渤海畔贝丘遗址的挖掘中发现了大量炭化的榛、橡等植物的果实和多种多样的石器，这些石器不仅数量较多，而且形态各异，质地、打制方法和用途也不尽相同，可见当时人们已经学会利用不同石质和不同的加工方法，制作不同用途的石器，做到因“石”制宜。这说明他们的生产工具已经不断细化，分工已经很明确，而且很多石器采用琢制法制成，甚至出现了少量通体磨制石器。

白石村遗址中胶东贝丘人制作的支脚

随着对海洋认识的不断深入，人们不再满足于在浅海岸滩处拾取贝类，味道更为鲜美的鱼类使他们把目光投向了一望无际的海洋。在贝丘遗址中，考古人员发现了捕捞用的网坠和一些鱼骨。发现的网坠长度6~11厘米，其质地有长石英岩、云母变粒岩、云母片岩等，多系天然石块加工而成。这些石网坠的出土地点一面连接纵横的丘陵及茂密山林，一面又面向大海，可能是人们就近在山林中对天然石块进行加工，再到沿海进行渔业生产活动的缘故。

当时的人们靠海吃海，在他们生产力允许的范围之内对海洋进行了充分的利用，从而为后人创立了古老的贝丘文化，并为我们的祖先过渡到更加文明的社会打下了基础。

渤海历史的见证者

伫立在这些贝丘遗址中，除了能够想象到远古先民的生活习性，我们还能嗅到那些早已消逝却依然笑傲历史的远古文明。即便是在光怪陆离的现代文明映衬下，这些积攒千年历史沧桑的文化也难掩其古朴之风、简约之美。当尘埃一粒粒垂落，辉煌的影子也随之投射。就在这光影跃动之中，中华文明的璀璨、辉煌，也渐渐在这一座座贝丘遗址中缓缓呈现。

要问浩瀚中华史，根在哪，源于哪？最起码，其中一脉就在这简约却不简单的贝丘遗址中吧。且看这些贝丘遗址，你会不由地大吃一惊，因为在你面前，一幅描述中华文明起源的版图徐徐展开。这幅图，不仅会告诉我们海陆之间沧海桑田的秘密，而且会向我们讲述人类文明的点点星光。

千年不语，它们只是静静地见证着渤海的变迁。譬如说，如今的邱家庄贝丘遗址周遭，在6000多年前，曾是一片汪洋大海。不信的话，去那里的遗址地层中光顾一下那些早已在土层中“颐养千年”的海洋生物化石吧，它们的存在，以及它们的年龄不会“说谎”。在拜访这些海洋生物化石的同时，你一定还会有这样的感受：似乎这些古生物遗体的个头大多要比我们现如今能见到的同类生物的个头大！的确，虽然那时的人们“靠海吃海”，但毕竟当时捕渔技术落后，鱼类、贝类等自然会有充足的时间“增肥长个”了。

千年不语，它们只是静静地见证着渤海文明的浮沉，将渤海的英魂华魄郑重其事地怀揣其中。在这些承载着中华厚重历史记忆的贝丘遗址上，刹那间，你会觉得历史的风云变幻就浮现在眼前。茹毛饮血的年代，仿佛梦境一般，先民劳作的身影、休憩的姿态历历在目，向

你讲述地层里的那些流年往事，讲述那些有着独特文化气息的厚重故事。或许，在这些故事中，白石村的故事尤为特别。因为白石村贝丘遗址可是胶东地区迄今为止发现最早的新石器文化遗址，它的发现还证实了胶东地区的贝丘文化与大汶口文化、河姆渡文化、仰韶文化一起组建了我国的新石器时代文化。考古学家还惊奇地发现白石村贝丘遗址出土的文物中竟与辽东半岛出土的相关文物几乎如出一辙，随之便考证出距今6000年前，胶东半岛和辽东半岛就已经有文化交流了，此外，这些文化交流对朝鲜半岛和日本列岛等也有一定的影响。

千年的历史，千年的追思，都浇铸在满目的贝壳鱼骨之上，夹杂在曲折的地层之中。早已安然沉睡却又满载历史沧桑的贝丘遗址，也默默地润入到历史的长河之中了。通过这些遗址眺望思索，依稀中，袅袅炊烟和跳动的火把穿越了几千年，把先人的生活图景呈现在我们眼前，让我们穿越千年迷梦，细细感知海洋文化的神秘魅力。

黄河入海流——黄河口文化

一片波澜壮阔的渤海，一条蔚然壮观的黄河，它们的相遇会造就怎样的故事，又会写下什么样的传说？千百年来，一句“君不见，黄河之水天上来，奔流到海不复回”令无数人感怀黄河的浩然气势。中华民族的母亲河黄河与渤海汇聚，造就了黄河三角洲，也孕育出新兴的现代石油城市——东营——黄河在东营境内流入渤海，也成就了别具一格的黄河口文化。

说到黄河口文化，自然要提到东营。因为正是在这里，孕育中华五千年文明的母亲河黄河夺大清河河道入海，携沙填海造陆，孕育造就了近代黄河三角洲的大部分地区。“黄河口文化”一词，正是东营市20世纪90年代提出来的，是一种别具风格的地域文化。发展地域文化，必须着眼地域特色，黄河口地区河海交汇，区位特色明显，文化类型丰富：古齐文化、移民文化、石油文化等在这片土地上交映生辉，既显现了黄河沉积下来的深厚文化底蕴，又散发着独属于渤海的生机勃勃的海洋文化氛围。现在，让我们一一走近每一种文化类型，去感知和勾勒我们心中的黄河口文化……

东营黄河口海域

渔盐之利，古齐文化

大约公元前1056年，黄河口这里曾涤荡起历史的浪涛。周武王伐纣，灭亡商朝，建立了周王朝，把分布在临淄、广饶、博兴一带的蒲姑氏国的土地封给东夷人姜太公，由此建立了齐国。公元前770年，周平王迁都洛邑，标志着我国进入春秋战国时代。周天子无力号令群雄，各诸侯国开始争地割据。齐襄公后桓公继位，齐桓公任用管仲为相，管仲在齐国大胆改革，任用贤才，发展经济。在齐桓公问管仲何以富国的时候，管子曰：“唯官山海为可耳”。就是说由国家组织开发海洋资源，国家就能富强。齐桓公接受了他“兴渔盐之利，通工商之便”的建议，发展对后世历朝历代都影响深远的渔盐业，将全国的盐业经营权收为国有，垄断了海盐经营，迫使其他诸侯国用盐要向齐国购买，从而迅速积累起大量财富，成为春秋时期第一个霸主。

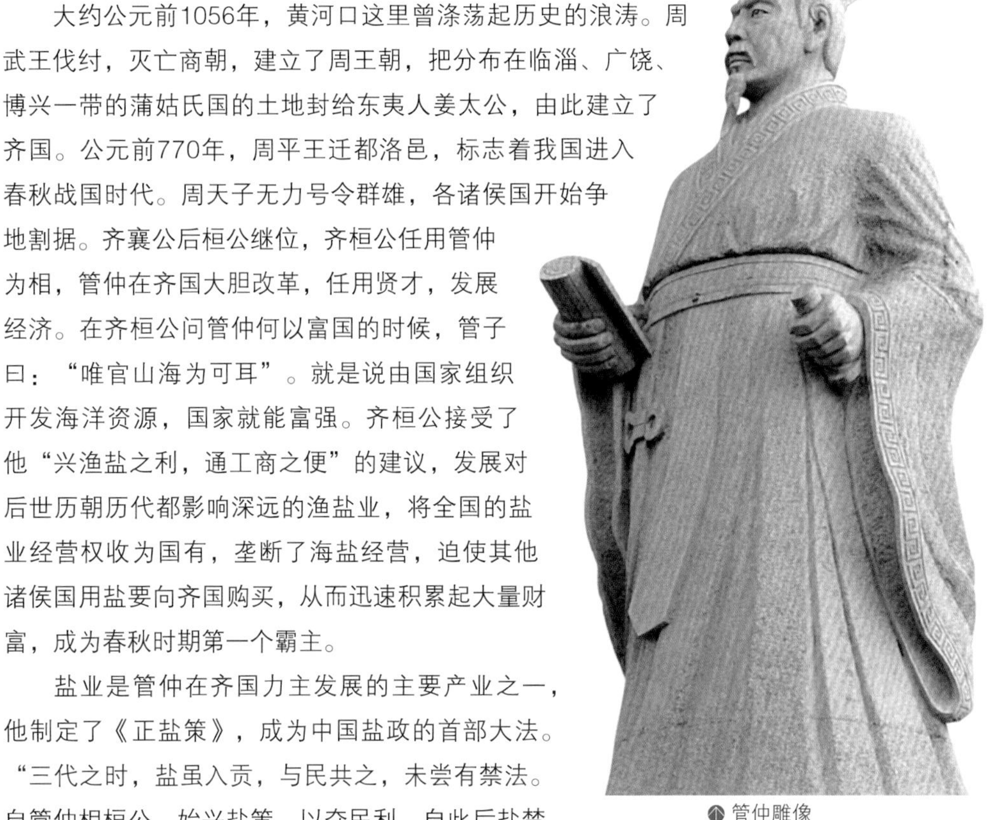
管仲雕像

盐业是管仲在齐国力主发展的主要产业之一，他制定了《正盐策》，成为中国盐政的首部大法。“三代之时，盐虽入贡，与民共之，未尝有禁法。自管仲相桓公，始兴盐策，以夺民利，自此后盐禁方开”。在此后2000余年中，各朝各代统治者对盐业的管理基本上直接或间接取法于《正盐策》，利用管仲之术，政府专控食盐产销，即实行盐业专卖制度。

“煮海为盐”，这是海洋向人类捧出的另一份礼物，如今渤海沿海地区的盐民和从事盐业生产的人们，仍旧会沿袭着古老的传统，在每年正月十六的盐神节庆贺和祭拜被民间尊称为盐神的管仲，更向这一片海洋洒下感激之情。

海纳百川，移民文化

千百年来，黄河口用海纳百川的宽广胸怀，用包容万物的雄浑气质，接纳着四面八方迁居移民而来的百姓。

自明初以来的600多年间，黄河三角洲先后有三次大的移民迁入高潮。第一次是明洪武、永乐年间来自山西洪洞与河北枣强的移民，大都分布于黄河三角洲中西部地区；第二次是20

东营黄河口

世纪二三十年代来自鲁西南的移民，大都分布于利津、沾化和垦利一带；第三次是20世纪五六十年代来自鲁西和油田的移民，主要分布于东营市东部地区。目前，黄河三角洲腹地总人口540多万。

打开地处黄河三角洲腹地的东营市地图，你会发现，那些密若星辰的村庄名称各具特色，别有风趣。有以数加一个“村”字为名，如一村、五村、二十五村等；有村庄带“林”字的，如建林、友林等；黄河入海口附近，越过黄河主流往北，则逢村必有个“屋子”缀尾，如张家屋子、利城屋子……再向西南至三角洲顶端，则多是刘家、李家、孙家……迥异而又奇特的村名，记载着历史印痕，诉说着忧患兴衰，验证着沧海桑田。

四面八方的人儿带着不同的风俗，操着各自的方言，聚集在这黄河入海的美丽土地上，似一个个跳动的音符，谱写着和谐雄壮的民族团结乐章。

奋发进取，石油文化

历史进入了20世纪60年代，昔日安静的黄河三角洲上吹响了石油勘探的号角。1961年春暖花开的4月，石油勘探开发队伍在东营村附近钻探的华8井，找到了工业源流，从而揭开了大规模的石油开发序幕。此后，大批来自全国各地的石油大军汇聚黄河口，开始了一场石油开发的大会战。从油田会战的第一天起，这片古老宁静的土地便迎来了现代文明的光辉，便迎来了新的光明和希望。50多年来，几十万石油大军头顶蓝天，脚踏荒原，以敢教日月换新天的革命豪情，顽强拼搏艰苦奋斗，在这片土地上尽情地挥洒着汗水，在这片土地上建成了全国第二大油田——胜利油田，造就了今天蓬勃发展繁荣富强的东营，也为一个国家的繁荣发展作出了巨大贡献。

石油开发带来了经济的繁荣，更留下了无穷尽的精神财富。多少石油工人以厂为家，以油为业，吃苦耐劳勤奋工作，勇于牺牲甘于奉献，在这片土地上定格为不朽的剪影。心念祖国的豪情满怀，求实创新的科学态度，以苦为荣的奉献精神，在黄河三角洲上谱写着一曲曲高昂乐章。

如果黄河代表中华民族的古老文化，用海洋象征现代文明，那么黄河口文化则是黄河文化与海洋文化的一场汇聚与交流，一场融合与碰撞。五千年文化的积淀，现代工业文明的冲击，多种文化的集聚、碰撞、融合，逐渐演化成了一种全新的黄河口文化，它既有黄河文化的雄浑淳厚，又有渤海文化的博大精深。从古代黄河口人的筚路蓝缕到现代黄河口人的开拓创新，黄河口文化在世世代代黄河口人的承前继后、继往开来中，愈发闪烁着耀眼的光泽。

胜利油田

“渤海明珠”曹妃甸——孙中山“北方大港”的梦想

她从渤海缓缓走来，带着千年的芬芳，弥散着醉心的温情。她一直在守候，一直在等待着恋人的回归。它无悔、无怨，终于用生命谱写了动人的神话。她就是“渤海明珠”曹妃甸。诗一般的名字，却有着铁一般的硬朗，沉湎于无尽的悲欢离合，却也不忘梦想的坚守。百年海梦，痴心以待，终究让你读懂痴情的力量。

曹妃甸传奇

或许，就连翻卷着浪花的渤海水在流经这座小岛时，也会眷恋地放慢脚步，奏一曲哀歌怀念曹妃吧？的确，在这座看似其貌不扬的小岛上，一个凄婉的故事代代相传，而故事的主角永远是那位温婉动人、闭月羞花的曹氏女子。

曹妃甸

相传，唐朝初年，李世民率军东征，途中路过一座小岛，搭救了一名被叛军戏弄的渔家女，之后便继续行军追敌。然而，过度劳累的李世民终于在一个风雨交加的夜晚病倒了。这名获救的渔家女得知消息后，便赶忙寻去，夜以继日地悉心照顾李世民。在此过程中，李世民见这名渔家姑娘生性善良又俊俏温柔，便册封她为曹妃，并承诺叛军平定之日便带她回长安。不过待到李世民功成名就时，十余年的光阴已一晃而过，日理万机的皇帝早已忘记了这个可怜的女子，当年的承诺早被风吹得无影无踪了。可是，这名善良的渔家女却把这句承诺深埋心底，终生未嫁，最终长眠于孤岛。或许是岛上的渔民被这位曹氏女子的忠贞所感动，他们为她修筑了一座庙宇，名曰“曹妃庙”，自此，曹妃庙里香火不断。这座小岛也终于有了自己的名字——曹妃甸。

过往的曹妃甸梦幻诗意、淳朴厚重，总是留给人们无尽的遐想，仿佛这座岛上的一切都弥散着童话般的温情气息。而今的曹妃甸踏着沉甸甸的过往青史，插上了科技的翅膀，展翅高飞起来，摇身一变，尽显“渤海明珠”的璀璨光芒。因为它有一个梦想，一个期盼了百年的强国之梦。

这个梦，发于千疮百孔的落后中国；这个梦，源于精忠报国的中国先驱者。1916年，当革命导师孙中山俯览象山和舟山军港时，在他的眼里，看到的不仅仅是一个个优良的天然军港、一座座缥缈的高山，更多的是一份强国立业的希冀。“国力之强弱在海不在陆。”此后，孙中山先生便开始辗转于全国各地的港口进行实地考察，终于在脑海中建构了拯救中国命运的港口发展蓝图，这个宏图构想的精髓都浓缩在孙中山先生的巨著《建国方略》之《实业计划》中。翻翻这本萦绕着雄浑革命气息的《实业计划》，在其篇首“商港之开辟”中，你就会看到中山先生的豪情壮志：

孙中山画像

第一，要像美国的纽约港那样，在中国中部、北部和南部各建一个“大洋港口”；

第二，要在沿海口岸建造各种商业港及渔业港；

第三，要在通航式河流沿岸建造商场船埠。

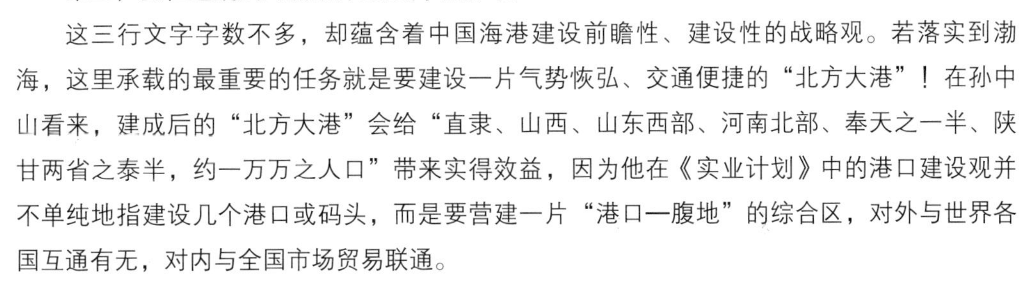

这三行文字字数不多，却蕴含着中国海港建设前瞻性、建设性的战略观。若落实到渤海，这里承载的最重要的任务就是要建设一片气势恢弘、交通便捷的“北方大港”！在孙中山看来，建成后的“北方大港”会给“直隶、山西、山东西部、河南北部、奉天之一半、陕甘两省之泰半，约一万万之人口”带来实得效益，因为他在《实业计划》中的港口建设观并不单纯地指建设几个港口或码头，而是要营建一片“港口—腹地”的综合区，对外与世界各国互通有无，对内与全国市场贸易联通。

可喜的是，辛亥革命百年纪念之时，我们的“渤海明珠”愈发地光彩夺目，她伫立于渤海中，颇有底气地向世人宣布：今日的曹妃甸不再是朝发暮归、渔歌荡漾的采渔之乡，已经蜕变成了一座工业的“航空母舰”。

曹妃甸大桥

曹妃甸码头

曹妃甸码头

细数曹妃甸的功绩，这里积极响应国家“十一五”规划的号召，充分调用自身的优势条件，建成了一处“钻石级”港址，颇有荷兰鹿特丹之势。曹妃甸目前已经形成了以港口物流、石化化工、钢铁、装备制造和高新技术为主导的循环经济示范区。有专家预言，2020年的曹妃甸，其经济规模会比肩唐山市，成为中国新型工业的领头羊。

浩瀚圆梦史

曹妃甸有一个缔造中国“北方大港”的百年梦想。正如孙中山先生所言，“惟发展之权，操之在我则存，操之在人则亡，此后中国存亡之关键则在实业发展之一事也”。

回望孙中山先生的“北方大港”规划，其大致想法是将整个渤海湾打造成“不封冻之深水大港”。俯瞰渤海湾，辽宁省、河北省、天津市和山东省环簇相拥，大大小小的港口星罗棋布、各具风姿。其中，亿吨以上的黄金大港有青岛港、天津港、秦皇岛港和大连港；中小型“潜力股”港口有营口港、沧州港、葫芦岛港和烟台港等。

现在，就让我们将目光聚焦这些港口吧，回顾并检阅一下它们的梦想之旅。作为中国第二个外贸亿吨吞吐大港的青岛港，拥有全国最大的原油码头、铁矿码头、集装箱码头和世界一流的散粮接卸码头、煤炭码头，以至于我们可以毫不夸张地说，“世界上有多大的船舶，青岛港就有多大的码头”。而作为中国最大人工海港的天津港，现在已经是京津冀现代化立体综合交通网络和对外贸易的重要港口了。位于河北省的秦皇岛港也不逊色，有“能源输出枢纽”的美誉。东

北方大港之大连港

北门户大连港发展态势也相当迅猛，是东北地区最重要的综合性外贸港口。此外，孙中山先生给予厚望的营口港、“水绕山环人间圣境，天造地设世外桃源”的葫芦岛港等也都容颜焕发、屡创佳绩。

历经百年磨炼的“北方大港”，如今正是船只游弋，百舸争流，一扫过往的灰色静默，显得格外的朝气蓬勃。或许，我们可以小心翼翼地鼓励一下自己：中国的百年海梦正在我们的努力中一步步实现。但是，切不可沾沾自喜，我们依然需要加倍努力，做得更好！

天津港

渤海海洋文明的一角风帆

浪潮翻卷，席卷着昔日的时光一起流逝，空留渤海的声声叹息。这一声叹，道出了渤海的铮铮风骨；这一声叹，呼出了渤海的伟岸品格。忘不了，那一幕幕声势浩大的帆船破水远航；忘不了，那一串串起锚的船夫号子震耳欲聋，正是这样的魄力，才划出了那一道道泛着文明气息的粼粼波纹，开启了中华民族对异域风情的领略问候。时光荏苒，再回首时，渤海的璀璨文明，已然在那里，光彩绽放。

拨开渤海浓浓的雾幕，悄悄地窥视一番，那卷色彩斑斓的渤海文明画定会令你流连忘返，如痴如醉。千年航海，百年梦想，风华绝代就此定格。挽留时空的博物馆，豪气未尽的遗址……都轻抚渤海的文明，记载渤海的点滴，它们令渤海的壮丽史诗流芳天下，乃至浩浩乾坤，谁能不念渤海的那些辉煌灿烂？

蓬莱古船博物馆

蓬莱古船博物馆是我国的第一座原址展示古船、古港的专题性博物馆，位于蓬莱水城的西南角。整个博物馆的外形同蓬莱水城的古军港风貌十分协调，以“登州古港”和“蓬莱古船”为总主题设计，以古代中国北方第一大港、中国古代造船史、蓬莱水城海底沉船、互动区和户外体验区这五个单元进行展示。这座古船博物馆，不仅能够再现登州古港的辉煌旧史，而且能够向人们传递来自东方海上丝绸之路的悠久问候。

渤船重工

渤船重工（原名渤海造船厂），坐落于中国美丽的“筝岛”——辽宁省葫芦岛市。现在的渤船重工正以“兴船报国、创新超越”的昂扬精神，与时俱进，不断创新。过往的辉煌历程，如今的奋斗足迹，都一次次激励国人：海洋强国梦，我们一直在努力！

曹妃甸国际生态城

曹妃甸国际生态城以全国第八大港口为依托，凭借完善的基础设施和愈发蓬勃的建设朝气，将会呈现一派“世界一流、中国气派、唐山特色”的繁华景色。这座饱含孙中山“北方大港”百年梦想的小岛，如今摇身一变，就要涅槃成为世界瞩目的国际性示范城市。曹妃甸国际生态城，用它的华丽转身向我们宣布了一个现代传奇。

渤海

那些抹不去的记忆

BOHAI SEA MEMORIES

05

渺渺渤海如弦，岁月之手拂过，拨动许多心事。宁静如它，却见证过大沽口炮台的四次浩劫，经历过践踏的屈辱与黑暗；壮阔如它，却目睹了中国近代实业的变迁、强国之梦的坚忍，慨叹过“百日维新”的转瞬即逝、“大海国”理想的波澜起伏；澎湃如它，却也切身体验到了海洋生态环境索赔案后的清明与舒畅。记忆的歌谣，带着些许沧桑，在渤海上空飘扬回荡，绵绵不绝……

大沽口炮台——历史的沧桑见证

在天津市海河与渤海相互交汇的地方，如今仍可看到大沽口炮台的遗址，安静肃穆，满载历史的沧桑与斑驳。曾几何时，这里是“外接深洋，内系海口”的“海门古塞”，扼着京城的咽喉，挡着津门的屏障，素来与广州虎门并驾齐驱，号称“南有虎门，北有大沽”。 正所谓“木秀于林，风必摧之”，身为海防重地的大沽口炮台，自是命途多舛，四次大沽口战役，都在大沽口炮台刻下了印迹，触目惊心。

海防重地

军魂萦绕，是它的气势；浩气乾坤，是它的姿态。如今的大沽口炮台，正义感依旧十足，铮铮铁骨，英气逼人。回首过往，大沽口的故事该从明代说起。在那时，倭寇猖獗，大肆侵扰我国沿海地区，使得素来平静的海面顿生波澜。为了抵御外患，维护我国疆土的安全，明朝嘉靖年间，政府在实行严格海禁政策的同时，在海河与渤海交汇的地方建造堡垒，驻军设防。从此，大沽口便不再平凡，开始站在历史的风口浪尖，肩负民族安危的重任。

大沽口炮台

要问大沽口始于何时？那就应该将目光锁定清朝了。自嘉庆二十一年（1816年）起，大沽口便拥有了最早的炮台。此时的大沽口英姿飒爽，威风凛凛，在其南北两岸各有一座圆形炮台。到了道光二十年（1841年），这里便已经建成5座大炮台、12座土炮台和13座土垒了，也就是在这时，大沽口炮台群正式形成。正所谓“团结力量大”，在炮台群这个军事防御体系之中，各个炮台你呼我应，相互协作，军事作战能力不可小觑。

大沽口炮台

大沽口炮台

清咸丰八年（1858年），大沽口炮台首次迎战，在经过战争硝烟的无情洗礼后，大沽口炮台又一次得以全面的整修。在其北岸新添了 2座新炮台，在其南岸又新增了3座新炮台。千万别小看这五个分别叫作“威”、“震”、“海”、“门”、“高”的新成员，因为正是它们的存在，不仅使得大沽口炮台重获新生，而且也使得其名声大振，威风八面。此外，在这次整修过程中，除了新增五个大炮台之外，人们还细心地为大沽口炮台穿上了一件温柔的防弹衣：在之前大沽口炮台的木材和青砖的外围，增添了一层二尺多厚的三合土。之所以称之为“防弹衣”，是因为这些三合土能够起到保护炮台的作用。之前，一旦炮弹飞来，便会出现砖石横飞的凌厉景象；而现在，即便是再肆虐的炮弹，也只能是在炮台上打出一个浅洞。

同治九年（1870年），随着李鸿章出任直隶总督兼北洋大臣一职，大沽口的军事防御体系也再次受到重视。这一次，大沽口炮台先是增添了3座平炮台。时隔5年之后，大沽口炮台引进了外国新鲜血液，在其周边增添了欧洲进口的铁甲快船、碰船、水雷船等防御装备。它们的加盟，大大提高了大沽口炮台的作战力。

三战英法联军

历经沧桑的大沽口炮台，第一次迎战是在1858年。那一年，得寸进尺的帝国主义侵略者为了进一步打开中国市场，维护其既得利益，于5月20日这天，发动了震惊中外的大沽口战役。为确保战争的胜利，英法联军共派出了6艘炮艇和近千人的陆战部队，偷偷计划着从大沽口炮台的侧面登陆。当然，他们的阴谋并没有顺利得逞，很快便被清军发现。千钧一发之时，大沽口炮台向敌人吼出了保家卫国的最强音，清军也誓死杀敌，一场鏖战就此展开。在战乱中，中方损失惨重，大沽口北炮台的顶盖被击毁了，南炮台的炮墙被轰塌了，守台兵士也伤亡众多。面对敌人的进攻，绝大多数的士兵并没有面露怯意，而是保持昂扬的斗志。然而，就在守军艰苦拼战之时，直隶总督谭廷襄等人却顾及私利，仓皇逃亡了。这一噩讯对于炮台守军而言无疑是个重大打击，很快，军心不稳，战局也迅速急转直下。最终，南北炮台也陆续被英法联军攻占。随后，英法联军趁机将战火继续蔓延，进一步撕裂了清军设置的烟台防线，攻占北京，迫使清政府签订了丧权辱国的《天津条约》。

烟台防线

环渤海地区，自古便是我国华北的海上门户，它周边的辽东半岛和山东半岛各自拥有自己的制高点，一是旅顺，一是烟台，清政府在这两地设置重兵，供给坚船利炮。侵犯来袭时，相隔不远的两地双管齐下，彼此呼应，便可成功守卫我国华北地区以及东北南部，是为烟台防线。

《天津条约》签订场景画

大沽口炮台遗址博物馆

《天津条约》签订之后，清政府为了重拾国威，便下令整修满目疮痍的大沽口炮台。在清军悍将僧格林沁的指挥下，大沽口炮台重振雄风，气象一新。很快地，它也为中华儿女赢得了一次历史的尊严。1859年6月，英法联军再聚大沽口，准备入侵北京。这一次，面对英法联军的13艘舰艇和装备精良的陆战队，大沽口炮台的守军并不畏惧，而是在僧格林沁的指挥下齐心协力地予以猛烈回击。最终，英法联军死伤过半，而清军则伤亡甚少，大沽口炮台也只不过是轻度受损。

战败的英法联军，面对中国人民的英勇气魄，自然不敢再轻举妄动了。为了确保其顺利攻破大沽口炮台，这些侵略者采取了迂回战术。英国出兵1.2万人，法国出兵7000人，联军先是在上海聚集，然后陆续占领定海、大连湾、烟台，基本完成对渤海的军事封锁，使得渤海就此孤立无援。接下来，联军又占领了清军驻防薄弱的北塘，而后在前往大沽的路上与清军打响了战斗第一炮，并借着阿姆斯特朗大炮的威力，占领了新河与塘沽。1860年8月21日，英法联军向大沽口炮台发动了猛烈的进攻。面对敌人精良的武器装备和庞大军队，虽然守军誓死坚持战斗，但是敌强我弱的不利局势最终使得大沽口炮台无力回天，完全沦于敌手。随后，新一轮的议和又拉开了序幕，《北京条约》签订，天津被迫成了通商口岸。

失于八国联军

1900年5月28日，是一连串黑暗日子的开端。这一天，大英帝国、法兰西第三共和国、德意志帝国、奥匈帝国、意大利王国、大日本帝国、俄罗斯帝国、美利坚合众国这八个国家正式决定联合出兵镇压“扶清灭洋”的义和团，打着“保护使馆”的幌子，调兵进入北京。而在此之前，英、法、美、德、意等诸多列强已经照会清政府，让其取缔义和团。鉴于面朝渤海的天津是进入北京的最佳通道，而大沽口又恰恰是天津的门户，列强们还派了舰队聚集在大沽口附近作为要挟。不过，列强们本就“醉翁之意不在酒”，不知不觉间，大沽口外，便聚集了24艘各国战舰，渤海之上，风云变幻，扑朔迷离。

反帝爱国义和团运动在直隶

6月中旬，蓄谋已久的八国联合侵华战争爆发。在沙俄海军将领的指挥之下，各国海军联合对大沽口炮台发起了进攻。他们先是占领了塘沽火车站和军粮城火车站，紧接着派出900多名海军偷袭登陆，埋伏在大沽口炮台的后面，继而把大沽口中的10艘炮艇开进了海河，又把28艘军舰停泊在了大沽口炮台的火力射程之外。准备就绪之后，八国联军并没有马上发起进攻，而是向守军总兵罗荣光发出最后通牒，唆使他交出炮台。面对强硬的敌人，罗荣光毫不示弱，断然拒绝。次日凌晨两点，10多艘联军舰艇向大沽口炮台发起了炮轰。一时间，渤海之上炮声隆隆，硝烟弥漫。虽然清军尽力抵抗，但终究寡不敌众，陷入被动局面，700多名将士相继牺牲。最终，随着守将罗荣光的壮烈牺牲，大沽口炮台全部陷落，就连北洋海军最大的巡洋舰“海容”号和4艘鱼雷艇也随之成为八国联军的囊中之物。

自此一战，八国联军攻陷了天津。那之后，一连串河山失守——秦皇岛、山海关、东北地区、保定、张家口等地相继沦入到八国联军的手中。最终，清政府被迫签订了丧权辱国的《辛丑条约》，进入了一个黑暗而沉重的时期。八国联军的这场浩劫，以从大沽口降落为起点，以京津浩劫为高潮，最终以《辛丑条约》的签订为这段往事画下了一个沉重的休止符。海防重地曾经的热闹喧嚣，曾经的战火硝烟，最终只化成了渤海海畔的一堆废墟，化为历史深处一声缥缈的叹息，以至于让后人在面对它时，也只能是倾听它的苍茫往事，为它多舛的命运扼腕痛惜。

时光荏苒，岁月如梭，隔着悠悠的历史之河再去眺望和打量着如今在风中静默无语安然矗立的大沽口炮台，不得不让人的眼前又浮现出那个山河破碎身世飘摇的时代，并为此发出一声沉重的叹息。叹息着那不忍回首的往事，叹息着那多灾多难的朝代，也叹息着那斑驳沧桑的历史。然而叹息之后，我们还是要收拾好情绪，以更加昂扬的姿态，以更加奋进的步伐向前奔跑，重振这个有着“海门古塞”之称的大沽口炮台昔日骄阳下浩气乾坤的气势。

1900年7月八国联军攻破大沽口向天津进发

《辛丑条约》签订时的合影

近百年来，大沽口炮台饱经沧桑，它是帝国主义侵略中国的铁证，是中国人民浴血奋战、抗击帝国主义侵略者的历史见证。古往今来，无数的仁人志士至此凭吊，激发心中的爱国主义热情。毛泽东主席解放前后曾两次亲临大沽口炮台，体现了伟人对大沽口炮台的重视和关心。1988年，大沽口炮台遗址被国务院确定为全国重点文物保护单位。1990年又以“津门古塞”之誉被评为“津门十景”之一，并被确定为天津市爱国主义教育基地。如今的大沽口炮台，已经在当年的遗址上修建了公园，昔日的古战场，正以另一种方式回馈着渤海这片海域。

丧权辱国的《辛丑条约》

为什么说《辛丑条约》丧权辱国呢？这个由爱新觉罗·奕劻和李鸿章代表清廷与英国、美国、日本、俄国、法国、德国、意大利、奥匈、比利时、西班牙和荷兰等国于1901年9月7日签订的条约，除了本息高达9.8亿两白银的巨额赔款之外，还要求拆除大沽炮台和北京至海通道的各炮台、不准在天津附近驻扎中国军队，列强则可以在北京及北京至山海关的铁路沿线驻扎“卫队”，而且至少两年之内，严禁中国进口军火以及制造军火的材料。如此一来，波澜壮阔的渤海，不但不能担当保护京畿重地的天然屏障，反而成了引狼入室的“快速通道”。

中国近代实业渤海变迁记

在我国2000多年的封建社会历史中，商人一直被忽视甚至被轻视，这种现象被称作“农本商末”。在自给自足的小农经济社会之中，当农民在“锄禾日当午，汗滴禾下土”的时候，当追求功名者在“头悬梁，锥刺股”地读书的时候，商人则四处游荡经商，似乎显得有些游手好闲、不务正业。那时的大多数人是比较容易知足的，他们所求的，无非是一顿饱饭而已。但是随着鸦片战争的一声炮响，人们的这点期望也变成了奢望，开始背负清政府所应允的巨额赔款。

天朝威严扫地，人们从田间地头、从书案之中抬起头来，“实业救国”的思潮开始在全国风起云涌。19世纪60年代开始的洋务运动便是基于这一主张，即学习外国的先进技术，富强自己的国家，不再受列强欺侮。张之洞率先办铁厂、兵工厂，筹办铁路，将“发展实业”这一想法付诸实践。这还只是官方的。到了甲午中日战争前后，在大清王朝越发风雨飘摇之时，以张謇为首的民族资本家和爱国人士全都按捺不住，一时间，近代实业蓬勃发展。渤海地区坐拥京城，自然是不甘落后，大批实业家，尤其是官商纷纷涌现，其中盛宣怀和周学熙最具代表性。

一手官印，一手算盘

盛宣怀是清末的政治家、企业家和福利事业家。积极投身官商队伍的他，是李鸿章的得力助手。李鸿章曾经称赞他“一手官印，一手算盘，亦官亦商，左右逢源”。他的成就颇为传奇，在旧中国近代化的第一阶段，所谓的由中国创建起来的主要的近代工矿交通运输和金融企业，多半是出于盛宣怀之手。他可以说是一手控制了当时的主要近代企业。虽是江苏人士，盛宣怀却与渤海有着不解之缘，曾担任天津海关道、山东登莱青兵备道等职务。他在渤海海域，书写出了属于自己的宏伟篇章。

盛宣怀

若要说起实业，盛宣怀与渤海缘分最深的还是那中国第一家电报局——天津电报局。具有前瞻性眼光的他，很早就认识到除了铁路这条明线之外，电报这条暗线的力量也不容小觑。因为在19世纪70年代，英美法等国家开始在中国铺设电报线，这些线路穿越海底，架在了中国的疆土上。在《电报局招股章程》中，他还明确提出“通军报为第一，便商民为其次”，也就是说，他敏锐地认识到，电报在战争中所起的关键性作用。于是，跟李鸿章商量之后，1880年，“中国电报总局”通过集合商股在天津成立起来了，由盛宣怀全权负责。新官上任三把火，不到一年的时间，津沪电报线路就架设好了，这也标志着中国民用电信事业正式开始。而后，几十条电报线路相继完成，南至海南，北至黑龙江，西至新疆等地，在当时那个没有手机、互联网的年代，盛宣怀雄心勃勃地铺展开了一张通讯大网。自此，各地不用再望穿秋水了，只要发个电报，彼

盛宣怀主办的赫赫有名的轮船招商局是旧中国第一家自办的最大的近代航运公司，他主办的天津电报局是中国第一家也是当时唯一一家自办的电报局，他主持的通商银行是中国第一家银行；此外，他还手握最大的纺织厂——华盛纺织厂，规模宏大的煤铁钢联合企业汉冶萍煤铁厂矿公司，等等。不仅如此，他还认识到教育的重要性，兴办了旧中国最早的天津北洋大学堂、上海南洋公学等新式学校。这等涉猎广泛且引领潮流之人，着实值得我们去仰望。

此的情况便会了然于心。其实，机构和设施还好说，最重要的是人才。为了培养专业技术人才，盛宣怀又在天津办起了电报学堂，解决了后顾之忧，可谓一条龙生产、服务，思虑之周全令人叹服。

北方工业巨子

继盛宣怀之后，周学熙成为官商队伍中又一个佼佼者。与盛宣怀类似，他也有着自己的政治背景。作为袁世凯推行新政的得力助手，本是安徽人的他，渤海地区的实业建设令他一举成名，成为当时中国北方著名的实业家，一度与功盖东南的张謇齐名，合称为“南张北周”。

周学熙像

张謇像

周学熙年轻的时候正碰上甲午战败，“公车上书”要求变法维新。动荡的时局，使得周学熙虽然已经考取举人，却毅然决然放弃了仕途，开始了发展实业的道路。在父亲的帮助之下，周学熙顺利成为开平矿务局的董事以及驻上海分局的监察。说起来，那时的开平矿务局使用的是外国先进机器，产煤质量很好，是当时规模较大的新式煤矿之一。周学熙富于才干，将开平矿务局经营得井井有条。

开滦煤矿旧址

“开平”号运煤船

不过，周学熙并没有把目光局限在煤炭领域。在穿梭于南北方之间的时候，他发现各地都在建厂、建铁路等等，如火如荼，但是国内却一家水泥厂都没有，水泥都得依靠进口。之前倒是有人曾经在唐山开过水泥厂，但是规模太小，生产方式也太落后，不久就倒闭了。于是，他向清政府奏请重新开办唐山细棉土厂（水泥厂），还聘请了德国人汉斯·昆德为总技师。这位洋技师化验发现，唐山的土石正是制造水泥的上好材料，一切准备就绪，只欠东风了，只要再往前迈出一步，细棉土厂就开工了。但是东风一直没来，反而吹起了强劲的西风。义和团爆发了，冲到了京津地区，八国联军开始侵华，整个京津地区乱作一团，唐山也不例外。巧合的是，周学熙这时恰好有事儿没在唐山，而身为开平督办的张翼却吓得整天躲在家里不敢出门。八国联军连哄带吓，以极低的价钱从张翼手中“买”走了开平煤矿局和唐山细棉土厂。

周学熙创建的启新洋灰公司内景

1900年，几经转手之后，开平矿物有限公司在英国注册了，开平矿务局的全部产权都由它承接了过去。周学熙虽然严词拒绝在卖矿契约上签字，但是开平矿务局已经回天乏术，可唐山细棉土厂却仍有一线生机。为什么呢？原来两厂之间曾经立约，如果一方不愿意合办的话，只要提前三个月通知对方就能分办。你可能会疑惑，侵略者们会放过对他们这么不利的一份文件吗？他们没有放过，但是正义的力量是强大的。那位德国总技师见证了英国巧取豪夺的过程，十分厌恶，把这些资料文件主动保管了起来。后来，周学熙回来，他便把这些珍贵的材料交给了周学熙，细棉土厂成功收回了。

周学熙倾其所有，并广募资金，更名之后的启新洋灰公司终于开办起来。周学熙十分看重货物品质，时刻关注西方动态，只要有新的设备出现，他便不惜重金买来用，水泥质量就能提升。这一举动，不仅使公司多次获奖，还垄断了中国水泥市场长达14年。时至今日，我们还能看到这些水泥的痕迹呢。当时的北京图书馆、燕京大学等建筑都曾使用过启新洋灰。

开平矿务局就这么放弃了吗？周学熙可不会轻言放弃。这不，他眼见英国商人在霸占开平煤矿的同时将贪婪的目光投向毗邻的滦州矿源，于是就先发制人，向袁世凯请求创建滦州煤矿，并计划“以滦收开”。袁世凯深以为然，于是告知农工商部准予注册，并且下令“滦州地方三百三十方里矿界以内不准他人开采”。这样一来，滦矿比开平足足大了10倍。众人

周学熙（前排中）

早就不满英国的卑鄙行为，纷纷投资入股，很快，“滦州煤矿有限公司”成立，周学熙任总经理。以开办启新洋灰公司同样的思路，周学熙大量引进最为先进的采矿设备，质量远远超过开平煤矿，渐渐成了开平的劲敌。

周学熙创建的启新洋灰公司旧址

不过，开平毕竟是自己一手经营起来的，让外国列强霸占着心里还是不甘心，于是周学熙又计划着收回开平。其实，他也是基于现实情况的。要知道，开平已经处在了滦州煤矿的“包围圈”中，如同浩瀚海洋中的一座小孤岛，而且这孤岛的煤也越来越少。按理说，这是一桩挺好达成的买卖。长达半年的交涉之后，双方终于达成一致，只要中国付给英国178万英镑，英国就把开平煤矿还给中国。算起来，这笔买卖如果做成的话，清政府还是会赚上一笔的。但是，开平煤矿的煞星张翼跟摄政王左说右说，最后清政府不同意支付这笔钱，滦州煤矿自己也没有那么多资金，收购计划就此失败。

周学熙并没有放弃与英国商人的斗争。虽然他的地盘儿很大，但是他知道，开平煤矿的煤快挖完了，他们势必就想往周围延伸，所以他先从两者临界的地方开采，让他们无机可乘。英国商人诡计落空，另想了个法子——“不差钱儿”。他们利用英国财团的支持，开始实行价格战，每吨煤的价格降了足足有一半，而且买的多还有礼物赠送。周学熙也没有示弱，以降价迎击，但不同的是，他这边并没有清政府或者财团作后盾，两者都倒赔了很多钱。渐渐地，开平也撑不住了，开始鼓吹“开滦合作”的论调，还收买滦州煤矿的股东，进行内部分化，企图收购滦州煤矿。虽然境况艰难，但周学熙都咬紧牙关挺了过来。

北洋货币

1911年辛亥革命爆发之后，股东们唯恐革命军把自己的既得利益抢走，于是纷纷倒戈，以寻求洋人的庇佑。周学熙势单力薄，孤掌难鸣，不得不沉痛地签订了合作协议。即便如此，当股东们一致推举他做合并之后开滦矿务局总局的督办的时候，周学熙毫不犹豫地拒绝了。他一生都想收回开平煤矿，这一愿望不但没有实现，连滦州煤矿也没有保住，他心中的抑郁可想而知。1948年，唐山解放，开滦矿务局重新回到了国人的手中，但就在前一年，周学熙抱憾而终，没能活着实现自己的梦想，令人惋惜。

除了煤矿和水泥厂之外，周学熙还创办了“北洋银元局”，以及“京师自来水公司”。随后，他彻底退出政界，与周氏家族聚集在天津，以天津、唐山为中心，建立起庞大的“周氏企业集团”，大大改变了华北地区轻纺工业严重滞后的状况，彻底改变了我国轻纺工业的分布格局，他也就此成为北方工业之父。周学熙以天下为己任，希望以实业救国，却不得不在夹缝之中、在风霜之中培育民族工业的秧苗，兴国之梦被笼上了一层悲壮色彩。

其实，这又何尝不是众多近代实业家的生存状态？他们竭力去实现强国之梦，却不得不在封建势力与帝国主义势力的双重压迫之下艰难前行，但即便如此，他们心中的梦想始终没有泯灭。正是有了他们的努力，民族工商业才得以发芽抽枝，中国半殖民地半封建社会的经济模式才渐渐碎裂，中国的政治和思想变革才如清风一般，使纷繁混乱的中国近代历史多了几分明净。

海洋生态环境涉外索赔第一案

2002年11月23日凌晨4点零8分，天津大沽口东部海域23海里的地方发生了一起严重事件：英费尼特航运有限公司所属的一艘马耳他籍油轮“塔斯曼海”轮同大连旅顺顺达船务有限公司所属的一艘中国籍“顺凯一号”货轮发生了严重的碰撞。撞击之下，“塔斯曼海”轮右舷第三舱破裂，205.924吨文莱轻质原油汩汩涌出，流进了深碧的渤海之中，霎时如乌云一般，在海面之上铺展开来，渤海海域随之由碧海变成了“黑海”，遭受了严重的污染。此外，渤海及周边的生物及生态环境都同样遭受了灭顶之灾，造成了严重的经济损失。于是，我国加入《1992年国际油污损害民事责任公约》后的第一桩索赔案拉开了序幕。

乌云下的呻吟

澄澈湛蓝的渤海湾，向来是渔业资源的天堂，也是我国重要的养殖基地。但当大量原油泄漏，油污笼罩海面，这些生物又将何去何从呢？它们所面临的，多半是死亡。虽然结局一样，过程却并不相同，有的生物恰好在原油污染重的地方，很不幸，或是原油附着上了，或是水中氧气不够了，不一会儿就死去了，称为“急性死亡”；有的呢，相对幸运一点，虽然同在渤海湾，但却在污染轻一点的地方，似乎并没有受到太大影响，殊不知，它们每日继续游动捕食的时候，毒素在它们的体内积累得越来越多，最终“亚急性死亡”。这又是为什么呢？原来即便是原油清除了许久，海面上也不见了油花，但并不代表这些原油真正被消解了，总会有一部分遗留下来，沉入海底。打个比方，蚌吸附了这些沉积物，以蚌为食物的鱼类吃了蚌，那么蚌所含的毒素就会在鱼类的体内累积起来，

溢油现场

溢油引起的生物急性死亡

越积越多，直至死亡。假如它还没被毒死就被鸟或者其他鱼类甚至是人吃掉的话，它所含的毒素就会在这些生物的体内积蓄，也就是说，伴随着食物链自身的集约作用，毒素会随着食物链由低级向高级的上升而积累，难以消除。因此，只要大量原油溢出，无论是野生的还是养殖的渔业资源，几乎全部难逃厄运。

由于渔业资源遭受毁灭性打击，渔民们自然蒙受巨大损失。首先，原油覆盖水域需要治理，他们无法再出海捕鱼；即便他们出海了，也没有什么健康的鱼可以捕捞，这样他们的海洋捕捞就只能搁浅了。原油漂散的过程之中，对渔民的网具也会造成腐蚀、破坏，这又是一笔损失；再加上之前的养殖损失，渔民们自然是备受打击。这还没有结束，作为一个系统的整体，每个海域都有自己的自净能力，每个空间范围内允许排入的污染物的最大量便是该区域的环境容量。“塔斯曼海”轮这次原油泄露恰好发生在渤海这块半封闭的、自净能力较弱的内海，自然是一下子消耗了该区域大量的环境容量，为该区域的环境治理增加了相当的难度。

阳光下的审判

作为天津海洋管理的行政主管部门，天津海洋局积极作出了反应。11月28日，它向天津海事法院申请扣押了“塔斯曼海”油轮，可是两天之后，“塔斯曼海”油轮支付了300万美元担保费后被解除了扣押，于次日凌晨两点，驶离了天津港。12月26日，为了捍卫权益，天津海洋局将“塔斯曼海”轮的船东英费尼特航运有限公司、为该轮提供油污责任担保的伦敦汽船互保协会告上了法庭，请求法院判令两个被告赔偿由于“塔斯曼海”轮溢油而造成的巨额经济损失。说此次诉讼如同星星之火，似乎不太恰当，但它确实引燃了那紧随其后的燎原之势。随着案件的发展，越来越多权益受到损害的人加入到了诉讼的行列，到最后达到了10个诉讼主体、1500多人，而且这些原告诉讼的范畴有所重合，彼此相互交织、错综复杂，加之要求赔偿的额度总共达到1.7亿元人民币，迅速成为我国最大的一起涉外民事索赔案。

2004年6月，天津海事法院开庭，它先是一一查验1500多名原告的身份证、捕捞许可证、船舶所有权证书等文件，核实了他们的主体资格。然后，法院在6月14日和23日，召开了以“塔斯曼海”轮溢油事故为由请求赔偿的10个案件当事人的审前会议，确定了溢油量、溢油回收量等争议焦点，并且经过长时间的审核和梳理，最终确定将原告队伍大致划分成三个小分队，它们分别是天津海洋局，河北省滦南县和天津市汉沽、北塘、大沽的渔民，以及天津市渔政渔港监督管理处。法庭还决定，既然被告相同且与案件相关，不妨合并审理，于是在征求当事人同意之后，10个案件合并审理。

当然，既然是审判，须得对双方公平公正，这就必然需要权威来解决原告和被告之间专业技术方面的争议。为此，天津海事法院先是征得了原告与被告的一致同意，而后指定了山东海事司法鉴定中心对案件涉及的专业技术问题进行鉴定，而山东海事司法鉴定中心也是最高人民法院认可具有鉴定资质的中心。鉴定中心不负所托，先是认真研读了原告和被告双方提供的证据和材料，随后，在各方当事人委托代理人的陪同之下，到渤海湾的事发地点进行实地考察，对溢油的状况及扩散趋势进行了试验与分析，在查阅了大量材料的同时还参加了2004年6月～12月期间举行的六次庭审，旁听并借鉴了原告和被告的质证意见，以及双方各自委托的具有专门知识的人员的意见。

于是，在接下来的五个月中，山东海事司法鉴定中心对于“塔斯曼海”轮溢油事故共同争议焦点、渔业资源损害、海洋捕捞生产受损、生态损失和修复评估等方面的鉴定报告相继公之于世。这还不算，在2004年9月27日～29日和12月1日、17日，鉴定人员还相继参加了

中国严重溢油事件：大连油管爆炸

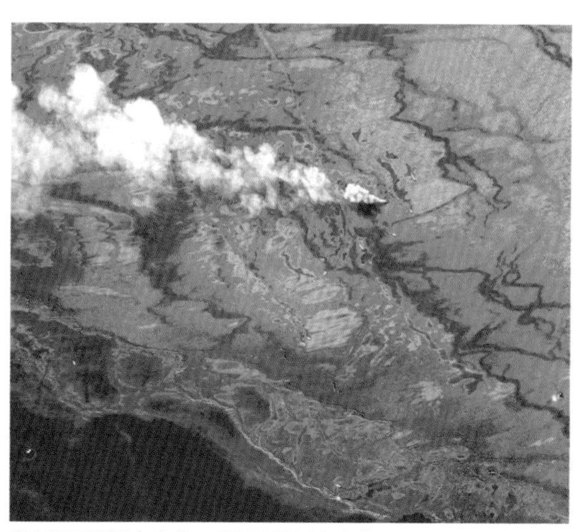
世界严重溢油事件：墨西哥漏油事件

溢油污染

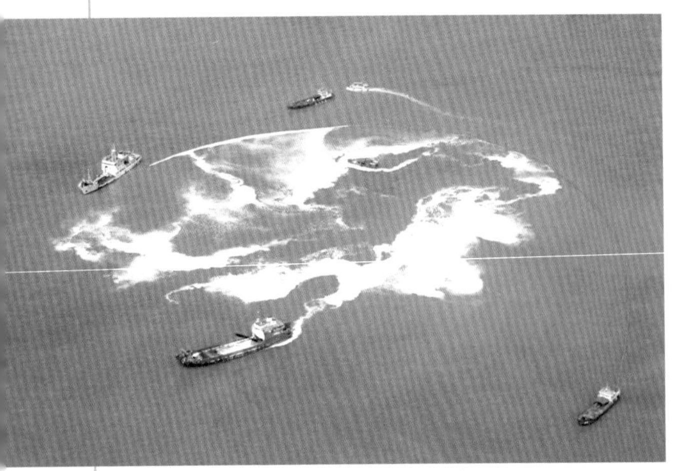

中国海上船舶溢油处理工作实训

中国海上船舶溢油处理工作实训

对这些鉴定报告进行质证的庭审，此次案件当事人的委托代理人、具有专门知识的人员以及法庭都得以向他们当庭询问，他们也就鉴定报告的各个方面和问题作出了回答和解释。一层一层审核质证下来，天津海事法院认为，山东海事司法鉴定中心具备鉴定资质，各项流程都符合法定程序，而且原告被告都对试验和分析结果没有异议，采纳了《共同焦点事实鉴定报告》所给出的意见。

终于，在2004年12月30日，天津海事法院最终判令，两个被告需向原告共赔偿4209万余元，“塔斯曼海”轮溢油事故索赔案在事发两年之后，终于在世界人民关注的目光中落下了大幕。纵观此次海洋生态环境涉外索赔第一案，耗时长而繁琐，但是法院坚持保障各方当事人的诉讼权利，全面听取了各方的意见，梳理了各方的争议，并最终给出了让各方信服的判决，整个庭审过程公开透明。不仅如此，作为我国海洋生态环境涉外索赔的第一个案件，“塔斯曼海”案维护了我国的海洋权益，提高了人们对于海洋生态环境保护的重视程度，我国的海洋立法和法律实践也走上了更为光明的道路。

海洋生态环境涉外索赔第一案的最终结果

被告“塔斯曼海”轮船东及伦敦汽船船东互保协会连带赔偿原告天津市海洋局海洋生态损失近千万元；赔偿天津市渔政渔港监督管理处渔业资源损失 1500余万元。加上先期判令二被告赔偿遭受损失的 1490名渔民和养殖户的 1700余万元，此次索赔案的最终数额共计 4209万余元。至此，“塔斯曼海”轮溢油索赔案所涉 10个个案一审全部审结。

百日维新与“大海国”思想

“无邦国，无帝王，人人相亲，人人平等，天下为公，是谓大同。”康有为的《大同书》，不禁让人想起100多年前维新运动的峥嵘岁月：一折“公车上书”，开启了中国变法改革的尝试；一折《应诏统筹全局折》，则把维新运动推向了高潮。然而，这群爱国知识分子救国之路最终还是没有成功，许多热血青年为之抛洒了汗水与鲜血。梁启超则有着自己的价值观，最终选择逃亡国外。这次出逃，并没有让梁启超消沉，反而拓宽了他的视野。当他远渡重洋之后，开始把目光投向了海权，而后，许多爱国人士纷纷就海权、海军、海防等进行思索，使早些年“大海国”梦想重新绽放光华。

“大海国”蓝图

何谓“大海国”？在19世纪，在康有为之前，在率先“开眼看世界”的魏源看来，国家之大，不仅在于它陆地疆域的广袤，而是应当以大陆为核心，穿过东南沿海及太平洋，通过印度洋，形成海疆与疆土结合的广袤的大海国。这称得上是一个宏伟的构想，也称得上是要建立强大的海洋国家的战略目标。自此，一代又一代中国人，为之奋斗。

这一梦想最早出现在魏源所编撰的《海国图志》里。《海国图志》是伴着第一次鸦片战争的挫败，魏源在好友林则徐的鼓励之下所写的，目的就是为了鼓舞世人，抵御外强，“师夷长技以制夷”。在这部地理学著作中，当时的地理山川、海洋形势以及各国概要都得到了朴实简洁的描述。你且看吧，世界各国，甚至包括海中的孤绝的岛国，都在这里展现了各自的历史、地理、经济、政治、军事、科技等风貌概况，而且著作的后面还有世界地图、各大洲的地图。他还表达出浓厚的海权意识，希望能够创立一支强大的海军，希望能够发展工业和航运业，以便推动国内外贸易的发展。

↑康有为

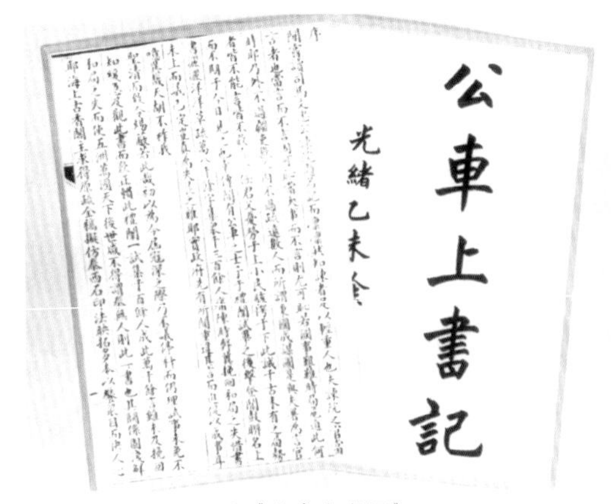

《公车上书记》

《康有为大同书手稿》

魏源画像

他还针对列强从海上入侵的沉痛现实，建议在广州虎门设立造船厂和火器局，以便让中国海军“可以驶楼船于海外，可以战洋夷于海中”。无怪乎有人称他为中国近代海军的倡导者，赞誉他为中国近代海防思想的先驱；不过，其中最为动人的还属“大海国”理想蓝图的描绘。

魏源去世之后的半个世纪里，中英战争、中法战争、甲午中日战争、八国联军侵华一个个接踵而来，而每一次外敌进犯都来自海上，魏源的真知灼见得到了验证，但很可惜，是以最为沉痛的方式得到了印证。即便如此，历史的车轮仍旧继续滚滚向前，“大海国”这一梦想也反反复复印刻在了中国人的心中!

前后浪花相继

之后，他的“大海国”的蓝图仍在启迪着无数国人，这一点在维新运动失败之后尤为明显。诚然，百日维新的失败是惨痛的，但它终于警醒了世人，使得梁启超等人少了几分理想主义，开始更加关注现实，比如海权。

戊戌变法失败后，梁启超逃到了日本，一待便是13年。这13年里，他悉心钻研，也借鉴了日本的经验，开始将海权写入自己的文章。他在日本《新民丛报》上发表的《论太平洋海权及中国前途》一文，就是体现他海洋思想的代表作。在文章中他明确提出，太平洋海权问题是20世纪第一大问题，认识到帝国主义的本质其实就是商国主义，而商业繁荣与否与海权有着密不可分的关系。所以，如果想在世界上立于强国之地，首要任务就是去争取海权。梁启超随后又发表了一篇《论海权》的文章，对海权这一问题也予以关注。

《海国图志》

维新运动虽然失败了，却开始让国人更多地接触到西方的思想，也包括西方的海洋思想，其中的代表人物便是姚锡光。他曾经在李鸿章和张之洞的身边做过高级参谋，战略水准自是不俗。1906年，他向政府奏请，说道：如今形势一天比一天艰难了，海权问题刻不容缓，想要国家重新强大起来，就必须振兴海军，只有振兴海军，才能不受列强的欺侮，才能保卫自己的国土，也就是所谓的“外固洋面，内卫各省”。这位跨越了清朝和民国的近代海洋思想先驱，还拟定了一份“海军复兴计划”，把海权思想作为重要的指导思想融入其中，比如把全国海军编成巡洋、巡江两支舰队。他高瞻远瞩地建议，在海军中成立“海军研究所”，让军官们在这里讨论军事理论和研究军事技术，拓展知识，拓宽视野，目光之长远、见解之深刻令人叹服。

其实，近代有识之士对于海洋的考量并未仅仅限于海权，还增添了防御线的思考。在当时的《海军》第三期的文章中，就把国家的海疆分成了敌国沿岸、公海、本国沿岸这三道防御线。时至今日，西方发达国家海军建设的战略指导思想中，这种观点仍然存在。

梁启超雕像

“大海国”这一梦想，就这样推动着近代无数爱国志士前仆后继，对海洋思想进行不断的思索和创新，而且取得了许多令人信服、令人惊叹的成果，但终因他们生不逢时没有施展的天地，着实让人叹惋。纵观中国海洋历史，不知道中国近代任人宰割的沉重历史，就不会有奋发图强的昂扬斗志；不走

进历代海洋思想的神圣殿堂，就不会有继续前行的强大动力。

千百年来，在面对海洋问题上中国人展现了自己的缜密思维和独特智慧，一直对海洋有追求、有思考，有着像旭日般光芒四射的思想。历史揭开一层层帷幕，百年来中国人对海洋的认知是一个渐进的过程。当世界东方的黎明再次来临，历代历史昭告着我们：从共和国海洋政策思想变化到未来中国海洋发展目标，中国人对海洋的认知、思考与追求，越来越清晰，越来越强烈，越来越重视，宛如雪山融化的涓涓细流奔腾向东，汇合为波涛滚滚的江河，汇入浩瀚的大海。现代中国海洋人正在自信满满地迈向大海，挺进深蓝，“大海国”之梦，海洋强国之梦，那个蕴藏在国人心中的伟大的民族复兴之梦，历经沉浮，正在我们这代人的见证中得以实现！

《瀛寰志略》

《瀛寰志略》初刻于1848年，1856年重刻，次年刻成。该书共分10卷，分装6册，各类图44幅。记录了世界各大洲的疆域、种族、人口、沿革、物产、生活、风俗、宗教、盛衰以及各国比较，图文并茂，叙述详细并夹有议论，“中外奉为指南”。这本书率先突破了传统的天朝意识和观念，将中国定位于世界的一隅。

不能忘却的渤海民族丰碑

渤海之滨，浪花依旧漫卷，激荡出千堆白雪；礁石依旧默立，冥想着万载沧桑；海鸥依旧啁啾，吟唱道俯仰沉浮。

曾几何时，这里硝烟滚滚，大沽口炮台在颤抖，京津在八国联军的铁蹄之下呜咽辗转；曾几何时，这里激情澎湃，涌现出大批的近代实业，浮现出短暂而激烈的百日维新，强国之梦与“大海国”理想交相辉映；曾几何时，这里备受瞩目，甲骨文在此抖掉满身尘埃重新大放异彩，海洋生态权益一纸诉讼尽得各方关注。往事如微尘，飘散在空中，久久不肯离去，兀自随心飘浮，空气中竟也隐隐传出岁月的歌喉，沧桑却不倦怠。嗯，它是要一直唱下去的，悠悠往事也渐渐沉淀，化作一座座民族丰碑，面朝渤海，春暖花开。

大沽口炮台遗址纪念馆

大沽口炮台诞生于明朝倭寇横行之时，从一开始的士兵驻守到大炮加盟，大沽口炮台日渐强盛，单是清朝咸丰年间便增加了“威”、“震”、“海”、“门”、“高”五个新炮台成员。岁月剥蚀了它们往昔的威风，却赋予了它们新的意义。自1997年7月1日起，“威”字炮台遗址之上，建成了大沽口炮台遗址纪念馆，成了爱国主义教育的大课堂。

天津义和团纪念馆

这座纪念馆原本是供奉吕洞宾的道教寺观，1900年义和团反帝爱国运动爆发之后，义和团首领曹福田率领数千人来到天津，此处也因此摇身一变，成了义和团的总坛口和活动基地。义和团对八国联军的抗击战争，就是在这里筹划而成；义和团留存的许多历史文献，也是在这里书写发出。新中国成立之后，陆续名列天津市、全国重点文物保护单位。1985年，“天津义和团纪念馆”正式挂牌，开始向世人讲述义和团的发展，以及他们抗击八国联军的英勇气概。

京师大学堂

1898年6月11日，北京大学的前身——京师大学堂成立了。作为中国近代史上第一座国立综合性大学，它是在康有为、梁启超的推动之下，清朝光绪皇帝戊戌变法（百日维新）的一项重要举措。京师大学堂遵循“中学为体，西学为用”的办学原则，在继承中国古代文明的基础上，开创性地引进了西方资本主义文明和近代科学文化，而且30岁以下的学生还必须修一门外语，分英、法、俄、德、日五种。辛亥革命之后，它改称北京大学。

渤海故事——浩渺烟波里的寻梦之帆

时光之手温柔地拂过浩渺渤海，拨动着这片烟波下久远的故事；岁月之眼安详地打量着静谧蔚蓝，聆听着滚滚浪潮中不朽的传说。当我们合上手中的这本书时，才恍然发现自己已在渤海涌动的浪潮里泛舟许久：夕阳斜晖下，我们致敬了翻滚浪涛里的鲜居面孔；晨光微熹中，我们打量了渤海渔家的衣食住行；暮鼓晨钟里，我们参与了焚香祭祀的古老习俗；驭海临风处，我们聆听了人海之间的悠悠情思。渤海之滨，浪花依旧漫卷，激荡起千堆白雪；礁石依旧矗立，回忆着荣辱起伏；碧波万顷上更有一轮圆月，见证了渤海的峥嵘岁月。

几多岁月如歌已成往事，几多时光流淌凝固情思，无论是帝王将相，亦或是芸芸众生，皆在这片海域里寻梦亦追梦。始皇帝东临渤海浩浩荡荡寻的是一个长生之梦。曹孟德东临碣石以观沧海追的是一统天下豪情梦。江山依旧，古月今生，精武宗师在这里希冀着踢掉“东亚病夫”的称号，求的是一个国富民强的强国梦……时光荏苒，岁月匆匆，诸多名士已悄然逝去，诸多面孔已隐没在历史深处，然而渤海不会忘记，不会忘记他们曾在这片蔚蓝里点亮了追梦的灯塔，升腾起寻梦的明星，不会忘记他们在浩渺烟波里扬起的寻梦之帆、驾驶的追梦之船！

海风习习、衣袂飘飞里，以海为厨、美食飘香中，我们悄悄走近了渤海渔民的世俗生活，更是从这点滴的世俗生活中探寻出了渤海渔民心中的期盼和梦想。盛世华服里，缝缀出的是渔家女儿岁月静好现世安稳的希冀；百舸争流里，承载着的是渔家男儿思乡归家的殷切之情，更有那端上桌的一盘盘美味佳肴，临海而建的一座座别具匠心的建筑。所有这一切构建出的莫不是渤海渔民对家园的依恋和热爱，对幸福生活的美丽追求。月净沙白，舟楫搁浅，有一片诗情画意在渤海倾泻奔腾；水墨丹青和着悠扬旋律，提笔挥毫伴着踏浪飞歌。这一切的一切，也是一朵花一个梦：一朵盛放在渤海的艺术之花，一个温柔祥和的诗意之梦。

那悬挂着寻梦之帆的船只依旧在渤海的烟波里徐徐而上，恍然不觉中已追随了承载着绚烂文化的海上丝绸之路的古老航线，却也忍不住在那些历经沧桑的千年古港处缓下速度，只为一睹那风韵犹存的容颜。正是沿着这一条丝带般的古老航线，正是从这一座座历经变迁的古老港口，满载货物的商船开始了互通有无的通商交流，一个民族开启了对异域风情的问候和探索，泱泱古国传递出龙的气息。那声势浩大的帆船破水远航划出的粼粼波纹，那丝竹笙歌商贾云集的繁忙景象，至今仍在华夏儿女的梦中盘旋。

历史起承转合，时光静静流淌，祥和美丽的渤海也未能逃脱浓烟滚滚的战火侵袭，未能阻挡住侵略者的暴行洗劫。曾经商贾繁忙的港口一片萧条之势，曾经的大好河山被侵略者无情地践踏，曾经美丽祥和的渤海一时间也黯然失色。终于，温柔平静的渤海发出了自己的怒吼，卷起了滔天巨浪，卷起了水天一色的蓝色。也就是在这深邃的蓝色中，华夏儿女的心中油然升腾起了另一个浩气盈天的蓝色海洋梦想——梦想着建设一支属于自己的强大海军，梦想着构建一条牢不可破的蓝色海防，梦想着缔造属于中国的朝气蓬勃的“北方大港”……归根到底，这是一个所有中华儿女期盼百年的强国之梦，是一个让华夏民族为之振奋的复兴之梦。这个梦，发源于千疮百孔的落后中国，发源于侵略者燃起的滚滚硝烟，发源于落后就要挨打的切肤之痛。这个梦，在几代人的心中衍生和传递，让这一段历史散发着坚忍与希冀，更让一片海域陡然变得深沉和厚重起来。

渤海不会忘记，为了这个分量厚重的蓝色梦想，多少科研人员夜以继日呕心沥血，为渤海的海防建设不懈奋斗。

渤海不会忘记，为了祖国海防的强大，为了海洋的繁荣和谐，多少铁骨铮铮的热血青年无怨无悔地奉献着自己的青春，将目光坚定地投在渤海银波涌动的容颜上，在渤海的海面上用军姿站成了一座丰碑，只为那心底的蓝色梦想。

渤海不会忘记，因着孙中山先生缔造“百年大港”的豪情壮志，各界人士共同携手书写了一部可歌可泣的浩瀚圆梦史；俯瞰如今的渤海湾，大大小小的港口星罗棋布，各具风姿，船只摇曳，百舸争流。

渤海不会忘记，“大海国”的思想在这里重现光辉，近代无数爱国志士前仆后继，对海洋思想进行不断挥索与创新，用思想的光芒照耀着国人前行的脚步，让一代又一代的中国人为之奋斗和追求。

渤海不会忘记，不会忘记从这里扬起的追梦的风帆，不会忘记从这里驶出的追梦的船只，更不会忘记那历经浮沉却依旧在心底激荡的海洋强国之梦！

浪潮翻卷，荡涤着那并不久远的往事；旭日东升，照耀着新一轮远航的船只。渤海深知，新一代海洋人面对着这片海域又有了崭新的期盼。梦想的车轮在滚滚向前，永不停歇，追梦的脚步和着海鸟的鸣唱与浪花的翻卷昂然前行。千年远航，百年梦想，烟波浩渺里，渤海正唱响着一曲风华绝代的凯歌……

图书在版编目（CIP）数据

渤海故事/李夕聪，纪玉洪主编．—青岛：中国海洋大学出版社，2013.6

（魅力中国海系列丛书/盖广生总主编）

ISBN 978-7-5670-0337-8

Ⅰ.①渤… Ⅱ.①李… ②纪… Ⅲ.①渤海－概况 Ⅳ.①P722.4

中国版本图书馆CIP数据核字（2013）第127096号

渤海故事

出 版 人　杨立敏

出版发行　中国海洋大学出版社有限公司

社　　址　青岛市香港东路23号

网　　址　http://www.ouc-press.com

策划编辑　由元春　电话　0532-85902349　　邮政编码　266071

责任编辑　由元春　电话　0532-85902349　　电子信箱　youyuanchun67@163.com

印　　制　青岛海蓝印刷有限责任公司　　订购电话　0532-82032573（传真）

版　　次　2014年1月第1版　　印　　次　2014年1月第1次印刷

成品尺寸　185mm×225mm　　印　　张　9.75

字　　数　80千　　定　　价　24.90元

发现印装质量问题，请致电 0532-88785354，由印刷厂负责调换。